中国科学院科学出版基金资助出版

实验动物科学丛书

丛书主编 | 秦 川

实验室生物安全事故防范和管理

秦 川 主编

科 学 出 版 社

北 京

内 容 简 介

本书聚焦于实验室生物安全，结合作者多年从事生物安全管理、传染病研究和动物实验的经验，以及多项生物安全课题的研究结果，对于生物安全实验室的管理和常见事故提供了独到的理解、经验和方法。本书以小故事的形式，结合作者工作经历，介绍了实验室生物安全相关的基础知识、管理规范、动物福利、工作人员、设施设备，并比较了国内外有关生物安全设施的法规、标准和建筑要求。

本书具有较强的实用性、可操作性和通用性。内容简洁、具体实用，主要用于实验室生物安全知识科学普及，用公众能懂的话，解读实验室里发生的一个个“惊天动地”的故事。同时也适用于农业、医学、生物领域从事教学和科研的实验室工作人员、学生，以及生物安全管理人员参考学习。

图书在版编目（CIP）数据

实验室生物安全事故防范和管理 / 秦川主编. —北京：科学出版社，2017.1

(实验动物科学丛书 / 秦川主编)

ISBN 978-7-03-047319-6

Ⅰ. ①实…　Ⅱ. ①秦…　Ⅲ. ①生物学－实验室管理－安全管理　Ⅳ. ①Q-338

中国版本图书馆CIP数据核字（2016）第026844号

责任编辑：罗　静　贺窑青 / 责任校对：赵桂芬

责任印制：张　伟 / 封面设计：北京铭轩堂广告设计有限公司

插图绘制：龙　森

科学出版社出版

北京东黄城根北街16号

邮政编码：100717

http://www.sciencep.com

北京中科印刷有限公司 印刷

科学出版社发行　各地新华书店经销

*

2017年1月第　一　版　开本：B5(720 × 1000)

2020年5月第四次印刷　印张：14 1/4

字数：273 000

定价：78.00元

（如有印装质量问题，我社负责调换）

编　委　会

主　编： 秦　川

副主编： 魏　强　孔　琪　王清勤

编　委（按姓氏笔画排序）

于　品　马春梅　孔　琪　王　卫　王　响
王清勤　邓幼莹　占玲俊　乔宏伟　刘先菊
刘江宁　刘　羽　刘克剑　刘　翠　向志光
朱　华　许黎黎　吴芳新　李枫棣　李雨函
杜晓鹏　谷　昊　陈　霆　赵　力　赵长城
徐玉环　秦　川　高锡强　梁　良　董　娜
蒋　虹　鲍琳琳　熊　竞　薛　婧　鞠　斌
魏　强

主编单位： 中国医学科学院医学实验动物研究所

本书受国家卫生计生委行业科研专项（201302006）、中国科学院出版基金资助

编者的话

生物安全实验室是指通过防护屏障和管理措施，达到生物安全要求的病原微生物实验室，广泛的讲也包括微生物检测、动物实验室、医学实验室、从事有毒有害操作的实验室等等。具体讲生物安全实验室主要通过设施、设备、人员防护装备的有效结合实现生物安全保护原则。因此，该书内容介绍了包括实验室管理、设施设备、物品、实验动物、人员、操作等诸多方面的示例，统合为基础篇、管理篇、动物福利篇、人员篇、设施设备篇和比较篇，利于大家学习。

从事实验室活动的职业人，通常非常重视研究结果，生物安全却往往被忽视。忽视的结果，轻者导致人员受伤、潜在感染等，重者造成人员感染、伤害、死亡，甚至发生群体病原感染、传播事件等，造成不必要的社会损失。良好的实验室生物安全习惯，是良好文化的一部分。安全习惯可通过通常的人文教育和专业教育共同培养形成。

缺乏安全意识、轻视安全技术，导致安全事故屡屡发生，是“新近入室”人员的通病。特别是大学生、研究生、年轻科研工作者，由于之前没有专门的实验室生物安全教育课程，几乎没有接受过实验室生物安全的基本教育和培训，进入实验室后，往往直接进行实验操作，但是，各种各样的安全问题接踵而来。

很多富有成就的学者谈起经历的生物安全问题不一而足，有的甚至非常后怕！他们希望国家为在校生、研究生设置专门的实验室生物安全课程，培养出既硕果累累也素质杰出的科学家。年轻的学者也想集成他们遇到的形形色色的生物安全问题，提醒后者，共同进步。

基于此，我们组织有经验的老师、研究生、年轻科技工作者编写了本书，大家可以读到在自己熟悉的实验室环境中发生的种种事情，可能感同身受，也可能会心一笑，这好像是在写我耶。更大的帮助可能是对准备进入实验室的人员：提个醒，“涨知识”，准备好，免发生！

这本书最大的特点是将以往实际发生的实践经验和教训集合而成，通过生物安全的知识点，串联成系统的生物安全知识，非常具有代表性。为了扩大知识面，你会发现本书的一些故事是用心良苦“编造”的，甚至由于作者、编者水平有限，难免出现不恰当之处，敬请批评指正，再版时努力提高。

感谢年轻的学者和同学，在国家卫生计生委卫生行业专项项目“新时期我国实验室生物安全重要问题及其对策研究”（201302006）的资助下，虽然肩负严谨、繁忙的科研工作，仍努力用“讲故事”的方式写成了本书，希望读者喜欢、获益，成为另一份收获。

秦　川　教授

2015 年 7 月

目 录

管 理 篇

动物福利篇

人　员　篇

设施设备篇

比 较 篇

基础篇

第1章

实验室生物安全——你准备好了吗?

第一节　马虎不得的实验室生物安全意识

背景知识

提起实验室生物安全，大家会想到发生过的许多“著名”事件和事故，包括实验室人员感染结核、重症急性呼吸综合征（SARS）疫情、出血热、猴B病毒等。其实，实验室生物安全事件造成的实验人员得病和死亡只是极端例子，而频繁发生在实验室的涉及化学品、药品、试剂、辐射、热、电、水、病原微生物、实验材料及实验动物等造成的潜在或一般性事件往往容易被忽略。

2003年SARS暴发后，针对实验室安全，国家制定了《实验室生物安全通用要求》强制性标准。对提高从业人员的生物安全意识起到了积极作用。

作为实验人员，首先应该具备良好的安全意识，然后根据实验室安全操作规范（通常国际上称之为SOP）开展实验，才能避免生物安全事故。对某种化学品的危害你了解多少？溅到身上怎么处置？生物安全柜怎样正确使用？动物存在哪些危害？怎样防护等等问题，都需要我们认真思考。

同时，我们也应该意识到：生物安全不等于生物恐怖，有时对实验室生物安全宣传的过于恐怖，民众对此也倍感恐惧。国内外不少实验动物机构深处闹市或居民区，并没有严格分隔开。因对实验动物饲养和动物实验常识的不了解，周边居民对实验动物机构的意见比较多。从图1-1可以看出，国外实验室生物安全的科学普及是面向公众开放的，例如欧洲的实验动物设施小学生也可以去参观学习；只要具有生物安全常识，具备一定的防护措施，就是安全的。

图 1-1　生物安全意识和理念的培养可以从孩子开始
图为对孩子传授实验动物、动物实验、生物安全防护的相关知识

安全事件

比较医学研究生小志上完第一年基础课后，按照要求可以进入实验室学习实验室技能了。这之前，尽管单位组织过研究生生物安全知识专门培训，但小志认为这些都在大学时听说过，也进过实验室实习，甚至实习过细菌、病毒的培养。心想无非是一些技术要求，不学也罢，还不如抓紧时间补补英语。

开学第一天，小志一大早兴冲冲地进入实验室，不顾实验室准入培训要求，就穿上白大褂，既不戴手套，也不戴帽子、护目镜等个人防护物品。看到培养箱、离心机等很好奇，东摸摸、西碰碰，甚至打开培养皿闻闻味道。肚子饿了，随手拿出路上买的煎饼，在实验台前狼吞虎咽起来……结果是几天之后病倒了。

事件分析

实验室发生这些事情，根本原因是小志没有生物安全意识，缺乏必要的培训，更谈不上生物安全防护了。从事实验室相关工作的实验人员，包括学生，必须进行实验室相关法规、制度、指南和标准的培训，掌握生物安全知识后，才能被允许进入实验室。如果缺乏了生物安全防护意识，就会增加实验室生物安全事故的风险。特别像小志这样的年轻人，培训不到位，尽管工作热情高涨，而忽视了生物安全问题，就会造成环境污染，人员也被感染。

大家常常想，这些发生在别人身上的事件，不会这么巧在我身上发生吧。其实不然，大家同在一个环境中工作，从事类似的操作，面临相似的问题，加之我国教育体系中缺乏系统的实验室生物安全教育、培训课程。大家并没有严格、专业的实验室风险识别和风险控制的意识和技能，实验室环境也没能形成安全、清洁的文化氛围，只要查一查，每天都会有许许多多程度不同的生物安全隐患和风险。不接受安全培训，不遵守实验室准入制度，小志就是这种“意识缺乏”和“培训缺乏”的受害者。

防范措施

实验室人员应该保持良好的生物安全意识，接受并自觉进行相关培训。实验室生物安全是每个实验室人员应该高度重视的问题，实验的每个环节都会有潜在风险。一定重点进行防范措施：

（1）每个人必须学习实验室相关法规、制度、指南和标准，掌握生物安全知识，进行专业培训，做一个真正合格的实验室人员。

（2）从事实验前，每个人应该进行充分的实验室生物安全操作规范、防护培训。不得在实验室吃东西，喝水。

（3）每个人应该具有强烈的生物安全意识，职业道德的遵守是一切安全的保障。每个人应该时刻牢记生物安全要求，提高安全意识，树立安全理念，做到警钟长鸣，不得抱以侥幸心理。

（魏　强）

第二节　不同寻常的实验动物（1）

背景知识

实验动物是指在特殊环境中，经人工精心培育的，遗传学背景清楚，而且对微生物、寄生虫进行有效控制的，用于各种科学实验的“标准化”的动物，可不是随便什么动物都能作为实验动物使用。为了避免使用鸡鸭猫狗等随处可见的“寻常动物”，国家出台了很多相关的法规和标准，来确保实验动物的严肃性可实验的科学性。比如 1994 年，国家颁布了实验动物遗传、微生物和寄生虫、环境和设施、营养等标准，并按《实验动物质量管理办法》、《实验动物许可证管理办法》等法律性文件实行行政许可管理，可谓严之又严。

实验动物来源于原种动物，但通过遗传选择、杂交、近交和诱变等复杂的实验室方法，改变了群体的遗传组成，使其具有了人类所需要的特征，成为一类具有稳定遗传组成和特征的动物群体，这些群体被称之为品种或品系。

这就是所谓的遗传背景清楚的基本含义，单单小鼠、大鼠就有多种品系、品种。

重要的事情说三遍哦：这种好不容易“赋予”某种品系动物的遗传组成可不能改变呀，要一代代传递下去。一旦改变，就不是原来的品种、品系了！

安全事件

这是一件以前发生的故事了。小志刚进入实验室时，他胸怀理想，踌躇满志，决心大干一场。买入实验用的小白鼠后，悉心照料。实验因故后延后，小志认为何不就此多繁育一些小鼠？于是自作主张，雌雄混在一起。因为小数繁殖力强，孕期只有 19 ～ 21 天，周期短，很快就“鼠丁兴旺，鼠满为患”了。小志看着自己繁殖的众多小白鼠健康成长，满心喜欢，既会繁殖动物了，也为老师节省了买动物的钱。没想到告诉老师后，却受到了严厉批评：同样的实验，造成了不同的结果，查找原因，往往是问题出在动物身上，扰乱了固有“封闭群”、“近交系”等遗传品质。

事件分析

不懂得实验动物特有的保种或品系维持方法是造成这次事件的根本原因。小志好心繁育小鼠，但不懂遗传繁育方法，培育出的小鼠脱离了原有的品系范畴，已经不再是“实验动物”，不能用于实验。为保障科学实验，也不鼓励非专业的人员“擅自培养”实验动物。自繁自养的各类动物，非但无法使用，它又是生命，给动物福利、伦理也带来很大麻烦。

防范措施

接触到实验动物或用它来做实验的人员，在开始实验动物操作之前，应该首先要掌握国家相关规定，要认真思考以下问题：你真的了解实验动物么？你知道实验动物的来源吗？实验动物有哪些遗传特性？你做好动物实验的准备了吗？如果没有，那么你必须做到以下几点：

（1）认真学习实验动物遗传基础知识，必须了解基本的实验动物育种、繁殖知识。

（2）实验动物，必须购置于正规的渠道，购买时厂家应提供有效的遗传、微生物和寄生虫质量合格证明，才能为您的实验“安全、可靠”提供保障。

（3）不要想当然地去繁殖动物、饲喂动物。进行实验动物育种时，不能违规自行饲养、繁殖实验动物，确保实验动物遗传质量，并维持遗传质量的续代稳定。

（魏　强）

第三节　不同寻常的实验动物（2）

背景知识

常见的小鼠、大鼠品系和品种按遗传位点的近似性，分为近交系和封闭群两大类。近交系是经过至少 20 代的全同胞兄妹交配培育而成，在同一近交系内，任何动物个体基因组中 99% 以上的等位位点为纯合。封闭群是指以非近亲交配方式进行繁殖生产，在不从外部引入新血源的条件下，至少连续繁殖 4 代以上的动物群体。实验动物不同品系的成功培育，为医学、药学、遗传学及生命科学的广泛研究提供了可能。

为防止实验动物遗传质量不稳定，甚至出现品种、品系改变，国家制定了《国家实验动物种子中心管理办法》、《实验动物 遗传质量控制及监测》标准，规定了实验动物的遗传质量要求。相对原种健康动物而言，实验动物是不同程度的“病态动物”。不同品系的小鼠，代表的是一种特殊的“病态”或者特殊的“群体”。实验因动物品系、品种而不同。

安全事件

小志经过半年的实验室实习，掌握了单克隆抗体制备技术。老师分配给他的任务是，用近交系 BALB/c 小鼠腹腔接种杂交瘤，收集腹水，纯化之中的抗小鼠肝炎病毒单克隆抗体。小志联系好了供应单位，匆匆忙忙去买小鼠。由于之前未能提供足够的动物信息，供应单位当时 BALB/c 小鼠断货，只有封闭群的 KM 小鼠。小志心想，都是小白鼠，长得也像，看上去也分不清楚，应该也行吧。因此，买来了 KM 小鼠，接种了杂交瘤，半个月过去了，也未见腹水产生。

事件分析

小志未弄懂近交系和封闭群小鼠的遗传差异，直接导致实验失败。为什么有的实验要用近交系的小鼠，而不使用封闭群的小鼠？很多实验人员，尤其是研究生做过许多动物实验，但是，可能从来没有想过这些问题。

做科学实验，要求动物最好给出一致的结果，使实验具有重复性、可比性。怎样才能得出相同结果呢？每个动物的遗传组成一样，对测试物的反应才会一样，如同卵双生的兄弟或姐妹。因此，我们通过遗传育种技术，使小鼠反复近亲交配20代以上，形成近交系动物，类似于同卵双生的兄弟或姐妹，消除了个体的差异，为实验的准确性提供了可能。使用者应该了解这些基本知识，才能用好实验动物。

防范措施

实验动物有其独到的遗传组成，实验人员要充分了解动物，才能让它更好地为你“服务”你应该做到以下几点：

（1）认真学习实验动物遗传基础知识，掌握实验动物遗传质量要求，弄清实验动物的遗传学分类，真正“认识”近交系和封闭群实验动物。

（2）实验动物近交系、封闭群动物又包括很多品系、品种，都有其不同的遗传背景，实验人员应该尽可能了解其生物学特性。

（3）应该了解所做实验的具体要求，尤其是对实验动物的要求。

（秦　川）

第四节　实验动物的居住环境是有要求的

背景知识

如果你知道了实验动物的来源和特性，就容易理解实验动物的特点：一是为人类需要改变自己，似像非像原种动物，成为“病态异类”；二是由于遗传改变，原有抵抗病原的能力呈现不同程度下降，对病原谱系发生改变，更易得病。三是为了实验需要，实验动物一般未经免疫，对外界病原无特异性免疫能力。上述原因，导致实验动物犹如温室里的花朵，难以经受大风大浪，这也是实验动物爱生病的原因之一。

因此，实验动物的生活环境、微生物携带情况、遗传背景、饲料营养等都是人为控制的，需要根据实验动物的不同微生物等级，饲养在相应标准的环境设施内。一旦离开相应的环境和饲养条件，实验动物就容易变成病原滋生的温床，变得十分容易生病，轻者影响实验结果的可靠性，重则扩散瘟疫，引发生物安全事故。

安全事件

单位的动物房申请需要严格的程序和一定的周期，研究生小志为了尽快开展实验，等不及向动物房提交申请，就提前买来了实验所需的 SPF 级小鼠，但由于未按程序申请动物房的笼位，自然无法进入标准的动物房。看到这么多的小鼠，小志犯了愁，养在哪里好呀？他灵机一动，对！地下室物品库房恰好闲置，是个绝佳选择！小志为自己的聪明暗自窃喜！孰料，小鼠在库房养了不到 10 天，就开始陆续腹泻，相继死亡，竟检查是被外界病原微生物感染所致，导致此次试验中途而废。

事件分析

发生此次事件的原因，归根结底是对实验动物自身认识不足，以及对实验动物管理了解不够。实验动物不同于普通动物，为了实验需要，它们的免疫功能是低下的或不健全的，因此，它们应该培育在严格控制在非常清洁的环境中。在实际当中，人们往往注重它们的饲育、生产环境，而忽视使用、实验环境。例如，在实验当中，将小鼠饲养在普通实验室、超净台，甚至在走廊、过道和办公室的情形屡有发生。从干净环境突然到普通环境，实验动物会遇到很多病原微生物和寄生虫的侵袭，加之其本身抗病能力不强，非常容易得病、死亡。实验动物得病后，也会对人的健康带来不利影响，特别是一些人畜共患病，如出血热、结核病、狂犬病、菌痢、寄生虫等疾病更是直接威胁人的健康。小志买来的 SPF 小鼠，没有被安排在相应等级的实验室中，很容易得病、死亡。动物实验，欲速则不达！

防范措施

实验动物根据不同等级要求饲养在普通环境、屏障环境和隔离环境中，须了解它的特殊保护环境，才能保证健康状态，因此要求：

（1）从事动物实验的人员，必须了解实验动物特性、微生物控制和饲养管理的基本知识。

（2）应该提前做好动物实验计划，按等级及要求饲养动物，不得随意选择“方便、自由”环境饲养动物。

（3）必须了解动物的微生物、寄生虫控制情况，及时发现不适合环境和可能的动物发病情况，及时通知兽医等人员控制疾病。

（4）不得好心随意投放动物喜乐环境物品，如玩具等，特别是食物、水果等都可能不干净而导致动物的病。

（秦 川 魏 强 刘江宁）

第五节 实验动物为什么爱“生病”？

背景知识

实验动物不仅有遗传要求，还有微生物、寄生虫要求。全国实验动物标准化技术委员会负责起草，国家质量监督检验检疫总局和中国国家标准化管理委员会发布了关于实验动物按微生物学质量要求进行等级划分、监测以及具体检测技术要求的国家标准。包括《实验动物 微生物学等级及监测》（GB14922.2）和《实验动物 微生物学检测方法》（GB/T14926.1）两部分。涉及病原的配套国家标准还有《实验动物 寄生虫学等级及监测》（GB14922.1）和《实验动物 寄生虫学检测方法》（GB/T18448.1—18448.10）两项。微生物和寄生虫两部分标准监测内容紧密配合，使微生物和寄生虫监测内容和技术达到动物质量要求。

实验动物微生物学等级标准中按照病原微生物、寄生虫对实验动物致病性和危害性的不同，以及是否存在于动物体内，将实验动物分成普通级动物、清洁级动物、无特定病原体级动物和无菌级动物四个等级类别。实验小鼠和大鼠的微生物学等级分为清洁级、无特定病原体级（SPF）和无菌级动物三个等级。豚鼠、地鼠和兔为普通级动物、清洁级动物、无特定病原体级动物和无菌级动物四级。犬和实验用猴分为普通级和 SPF 级。

由于实验动物的自身特点，对于饲养环境有特殊的要求。小鼠、大鼠、豚鼠等体积小的动物能实现密闭饲养（在屏障环境或隔离环境），它们的生活环境、微生物携带情况、遗传背景、饲料营养等都是人为控制的，过着衣食无忧平静的与世隔绝生活。犬、猴、小型猪等较大动物根据生物安全要求不同，多饲养于开放环境中。只有做传染病实验等需要与外界隔离时，才饲养于密闭环境中（图 1-2）。

图 1-2　实验动物被饲养于不同环境中

小动物生活在密闭环境中，大动物往往生活在开放环境中

安全事件

研究生小志课题的一部分是利用犬做某种药物的慢性毒力实验。按实验要求购买的是有资质的 SPF 比格犬，厂家出具了微生物等级合格证。由于要饲养动物长达 3 个月，开始的时候，小志按要求每天进行环境消毒，但坚持了一个月后，逐渐偷懒起来，环境越来越差，动物也出现各种异常症状，甚至消瘦，进食减少，实验也无法进行下去。

事件分析

造成这种情况的原因主要是，未能按 SPF 动物要求的相应环境进行消毒保洁工作。作为 SPF 动物，一般不得通过免疫动物来预防疾病，主要通过保持环境清洁维护动物健康。环境不好，SPF 动物反而更容易得病。小志不懂得这些，造成实验用犬疾病，影响了实验。

SPF 实验动物不同于普通动物，它们被培育在微生物严格控制的、清洁的环境中。因此，相对而言，它们的免疫功能是低下的或不健全的。长期实验中，人们往往忽视了实验环境的清洁保持。从干净环境突然到普通环境，又缺乏免疫能力，非常容易得病，甚至死亡。

经常听到抱怨，说某单位的动物不好，使用时特别容易死亡。恰恰相反，越干净的动物，被突然、直接饲养在普通环境内，越容易感染到疾病。小志买来的 SPF 犬，没有按 SPF 要求进行清洁，无法控制其微生物携带情况，极易遭受外界病原体的感染而得病。得出的实验结果也不可靠。动物实验，不以规矩则不成方圆！

防范措施

实验动物必须生活在按微生物、寄生虫等级要求的实验室环境中，严格进行环境的消毒灭菌工作，尤其较长时间的动物实验，更应该注重环境的清洁，因此要求：

（1）应采取相应卫生检疫、生物安全及管理要求，对不合格、不健康实验动物进行相应处理，确保提供的实验动物质量合格。

（2）必须按照《实验动物 微生物学等级及监测》和《实验动物 微生物学检测方法》两部分内容进行定期检测监控；

（3）实验动物饲养必须控制在《实验动物环境及设施标准》要求的饲养条件内，将污染的可能性降到最低；

（4）长期动物实验必须配备专业兽医进行健康监护，不能仅靠学生、进修生等非专业人员维持动物健康。

（魏　强）

第六节　动物也得艾滋病

背景知识

大家知道，导致艾滋病的元凶是人类免疫缺陷病毒（HIV）。但是目前还没有疫苗问世，为什么呢？是因为没有良好的动物模型来评价疫苗是否有效？是否安全。其实，人类得什么传染病，就希望动物也能得，作为模型使用，这样才能研究疾病的发生发展以及药物、疫苗的作用。

对实验动物进行各类病原感染，是制备感染性动物模型的基础。例如，艾滋病动物模型要用到猴，流感病毒要感染小鼠、雪貂，结核模型动物有小鼠、豚鼠和猴等，肝炎模型动物有树鼩、转基因小鼠、土拨鼠等。做这些实验既要了解病原的危害，也要了解动物感染后的危害和可能的生物安全风险，同时要提高操作技能，降低风险。

我们国家，特别是北京市在这方面做得十分规范，要求所有从事动物实验的人员，包括临时实验人员，必须经过一定的培训，考试合格并取得“实验动物从业人员上岗证”，同时，要求进行生物安全专门培训后，才能进行感染性动物实验。

安全事件

研究生小志取得了“实验动物从业人员上岗证”和“生物安全培训合格证”，和老师一起用 SHIV（一种能感染猴使其得艾滋病的 HIV 和猴 SIV 的嵌合病毒）感染恒河猴制备艾滋病模型。静脉注射完后，老师嘱咐小志观察半小时，如无意外，即可离开动物生物安全实验室。半小时很快过去了，小志看到猴从麻醉中清醒过来。再次确认了每个猴笼都被关紧，离开了实验室。心想再过一段时间，猴子就会得上艾滋病，就可以开展疫苗评价了。

谁知刚离开动物室不到 1 小时，实验室监控室发来报警，实验室中有猴子从笼中逃跑。小志大惊失色。

事件分析

小志没能彻底关紧锁定猴笼是这次事件的直接原因。实验动物，特别是大动物，非常聪明，稍有缝隙或不慎的地方，就会逃逸。尤其是带有病原的感染性动物，一旦脱离实验室，就会污染环境。如果是能通过气溶胶或接触传播的病原，如流感、结核的可能还会感染到人，情况更是严重。

此外，还应该注意，不同动物对不同疾病病原，包括细菌、病毒和寄生虫敏感性不同，有些病原，如 HIV 即使注入普通小鼠、大鼠、兔、犬和猴等动物体内，它们也不会患病。目前发现，除了大猩猩能感染 HIV（只是一过性感染，不会得病）外，其他动物都不会感染人 HIV，因而也就不会患人类艾滋病。因此，做动物模型制备研究时，一定要多查文献报道，避免重复感染不敏感动物，这样做既伤害动物，产生生物危害，也不会有任何好的实验结果。避免没有科学价值的动物实验或对实验动物进行不必要的操作，也是减少动物生物安全的重要措施。

防范措施

动物感染实验、病原操作、活体采样、解剖取材等都要求实验人员能够熟练掌握并经过严格培训才能开展活动。须做到：

（1）了解实验动物特性，掌握实验动物的抓取、固定及饲养控制。特别是大型动物，一定要掌握饲养控制设备的使用，杜绝实验动物可能的逃逸。

（2）同时了解病原的特性。如是气溶胶传播、接触传播等，特别是烈性病原，更要按相关规定进行动物实验，防止感染的动物成为新的传染源。

（3）实验人员要提高警惕，密切关注动物的控制情况，一旦发生逃逸，及时评估可能的危害，采取相应的措施。

（秦 川 魏 强）

第七节 实验动物的代言人——兽医

背景知识

《北京市实验动物管理条例》第七条要求从事实验动物工作的单位和个人，应当维护动物福利。同时要求从事实验动物工作的单位，应当配备兽医，对动物实验进行兽医巡护、伦理审查、福利保护，使用妥善的方法进行实验动物。

在动物实验中，兽医的作用非常重要。国际上通常的做法是，动物实验中要有实验动物兽医（请注意，这里说的是专业的实验动物兽医，更确切地称呼为实验动物医师，就像宠物医师那样，懂得实验动物的需求、特点）监护实验动物，代表实验动物发言，表达实验动物受到的伤害、痛苦等，如果严重危害动物福利，兽医可以采取建议、劝告、改良，甚至终止实验活动等方式，一是可以保护实验动物，二是避免不当实验结果。

安全事件

小志对肿瘤发生了兴趣，查了很多资料，确定了研究内容，导师修改后同意提交审查。5 天后，审查整改后通过。小志买来裸鼠，接种了肿瘤细胞。随着时间的推移，肿瘤越长越大，有些已经有鹌鹑蛋大小，小志非常满意，肿瘤模型建成了，可以进行药物测试了。兽医进行巡视时，发现了这些情况，立即通知导师终止实验，安乐处死动物。小志一头雾水，听兽医培训后，才恍然大悟。

事件分析

小志不懂得福利、伦理必须进行识别、评估和控制，让肿瘤任意生长，严重影响了动物福利要求。也不懂得针对识别出的福利问题，进行评估和采取有效措施防范。严重违反了实验动物福利要求，属于伤害实验动物的行为。小志对于实验中的动物状态进展不向兽医汇报，使实验被迫终止。兽医也没能尽职，巡查不细致，发现肿瘤过大时，为时已晚。比如，通常情况下，肿瘤的大小不应该超过 1.5cm。

动物实验一定要注意试验期间的看护，兽医监护的重点分别包括：

（1）常见造成动物伤害、痛苦、疾病的行为有：饲养环境不好；实验时粗暴、野蛮操作；手术后缺乏护理；等等。

（2）常见造成动物滥用的行为有：不了解动物实验的“3R”原则；不了解动物数量和实验结果的关系，认为动物数量使用越多越好；错用动物，使用不易感动物；等等。

（3）常见造成动物无意义实验的行为有：不了解科学发展的一般结论和规律；不懂动物实验的确切含义；知识老化，对模型动物制备不了解；滥用动物；等等。

（4）最常见的错误做法是：打死、摔死、饿死动物，动物遭受极度不公对待。

防范措施

实验人员必须明确责任，尊重兽医的职责，重点应该防范：

（1）动物实验人员必须接受良好的兽医知识培训，了解动物天性，提高动物福利水平。

（2）实验人员应能进行福利、伦理识别、评估和控制，针对性采取措施，保证将痛苦降低到最低水平。

（3）对动物的异常行为，设施环境的改变等，应及时向兽医汇报，遵循兽医指导，绝对禁止对动物造成不必要的伤害。

（秦　川　魏　强）

第2章

动物实验风险评估——动物实验前必备知识

第一节　动物实验的“政审”

背景知识

《实验动物管理条例》在推动我国实验动物科学事业发展方面起到了重要作用。为了理顺实验动物福利与科学发展之间的相互关系，并与国际实验动物科学发展相适应，提出实验动物福利的基本原则是：①有利于科学技术进步；②有利于社会经济发展；③与我国现行法律有关内容相衔接；④在遵循国际规范的基础上，充分考虑我国的具体国情。2006年国家科技部制定了《关于善待实验动物的指导性意见》，以提高实验动物管理工作质量和水平，维护动物福利，确保实验安全。

动物实验方案审查的内容应该包括：实验人员是否符合操作要求；设施设备是否符合动物生活环境要求；饲料、垫料、饮水是否符合动物生理要求；动物运输是否符合实验动物相关法律法规要求；实验方案是否符合动物福利要求；动物处置是否符合伦理规范；动物处死是否符合安乐死原则；动物尸体处理是否符合环保要求等方面。这些方面，都要有生物安全作为保障。

安全事件

研究生小志和导师设计了动物实验方案，其中动物的品种、数量、分组、病毒感染剂量、样本采集方法、动物的处死方法等无一不进行了反复思考、参比，但对动物对病毒的敏感性问题一直没有定论。老师让小志多想办法，待老师出国回来后定方案，再递交单位实验动物福利伦理委员会审查。

小志反复查阅国内外文献，不得其解，每天愁眉苦脸、痛苦不堪。一日做梦，某种动物开口说话，为何不先用我实验一下，笨家伙？小志茅塞顿开，第二天进行了动物感染预实验。

事件分析

《北京市实验动物管理条例》第二十六条规定：从事动物实验的人员应当遵循替代、减少和优化的原则进行动物实验设计，使用正确的方法处理实验动物。从上可看出，所有的动物实验方案必须得到审查、批准后才能开展动物实验。审查的内容应该覆盖所有环节，动物实验福利、伦理、生物安全审查中应注意的问题非常多。如实验人员是否有资质，知否符合操作要求。动物饲料、垫料、饮水是否符合动物生理要求，设施设备是否符合动物生活环境要求，实验方案是否符合动物福利要求，处死是否符合安乐死原则，动物尸体处理是否符合环保要求等方面。

小志想到了正式动物实验需要审查批准，却不知道预实验本身也是动物实验，也要审查批准，预实验中涉及的动物福利同样影响着实验结果、关系着动物福利与伦理是否落实到位，归根结底还是不了解动物实验审查的意义和作用。

防范措施

动物实验要经过审查机构依据审查原则，进行内容审查，审查批准批准后方能开展动物实验。为防止违规开展动物实验，应该注意以下方面：

（1）人员培训情况。动物实验人员必须经过操作培训，包括动物基本知识、动物操作、麻醉方法、手术方法、给药方法、取材方法、解剖方法、生物安全防护等方面，最好持有专业培训证书。

（2）正确选择动物。应该选用微生物等级明确的动物用于实验，提倡在得到足够结果时最大限度地减少动物数量的使用。尽量使用遗传背景一致性好的动物和微生物控制级别高的动物，可以做到以质量代替数量。数量减少和质量提高，可降低生物危害的范围。

（3）动物实验的必要性。提倡替代性生命系统、非生命系统、计算机模拟的应用。离体培养的器官、组织、细胞、微生物在许多研究中得到广泛应用，能够利用替代性材料时不使用活体动物。例如，能进行计算机模拟、体外方法进行替代实验的，就不易进行动物实验。提倡使用低等级实验动物代替高价的高等级实验动物，也能较易实现对小体积动物的微生物控制。

（4）动物实验方案的合理性。严谨合理的方案应使动物操作合理正确，减少外伤，减少污染。使用合适的统计学方法，鼓励用少量动物获得较多结果，尽量缩小污染源范围。

（5）动物运输的安全性。运输过程中要避免碰撞和惊吓动物，动物活动量增加，释放气溶胶、广泛接触的可能性就加大，风险也随之加大。

（6）动物饲养的科学性。要正确饲养动物，饲养空间要足够大，保证饮水质量，食物要干净，室内、外环境要保持清洁，降低疾病发生的概率。

（7）实验的前期准备工作要全面。应尽量在麻醉状态下进行动物实验。实验开始前，准备工作要充分，各种可能发生的生物安全意外事故和解决方案均要考虑周全。

（8）减少动物疼痛等福利要求。

（秦 川 魏 强）

第二节 实验动物的“小汤山医院”

背景知识

对实验动物进行感染性试验，是生物安全事故的重要风险防范点之一。感染的实验动物携带病原体，人病原体或人畜共患病原体在操作过程中可通过空气、分泌物、直接接触等途径感染人类。

针对感染性试验，国家有专门的要求，如原卫生部颁布的《人间传播的病原微生物名录》将病原体按危害程度分为 1 ～ 4 类，1 类和 2 类称为高致病性病原。《生物安全实验室通用要求》标准规定了实验室等级，生物安全实验室的统一名称为 BSL-1、BSL-2、BSL-3 和 BSL-4。动物生物安全实验室的统一名称为 ABSL-1、ABSL-2、ABSL-3 和 ABSL-4。感染性试验必须根据病原体的危害等级，在相应的生物安全设施内实施，这是保障生物安全的基本条件。

安全事件

小志读研究生已进入第二个年头。在动物实验方面积累了不少经验，特别是感染性试验，颇有发言权。在进行流感实验前，老师为加强生物安全意识，正确进行风险评估，请小志就实验室典型生物安全事件向大家“科普”一下。

小志表情严肃，娓娓道来：

第一，猴 B 病毒感染问题：猴 B 病毒感染是一种人兽共患病。猴是 B 病毒的自然宿主，感染率可达 10% ～ 60%。多数情况下呈良性经过，仅在口腔黏膜出现疱疹和溃疡，之后病毒可长期潜伏在呼吸道或泌尿生殖器官附近的神经节，也可长期潜伏在组织器官内，产生 B 病毒抗体。人类感染主要表现为脑脊髓炎症状，多数病人死亡，美国已有 29 例感染病例报道，既有通过直接接触猴感染，也有通过间接接触污染的物品，甚至有因细胞培养而感染。如果使用猴做实验，必须确认无 B 病毒携带后方可用于实验。

第二，布鲁氏菌感染问题：2010 年 12 月，我国高校发生严重的人兽共患病感染事件，东北某大学动物医学学院使用不合格实验用动物——山羊做实验，而且在实验过程中未能严格要求学生遵守操作规程、进行有效防护，致使 27 名学生 1 名教师感染布鲁氏菌病，身心遭受严重创伤。

第三……

但不幸的是，小志在清洁级动物房用小鼠做流感病毒感染实验，10 天后，同室的其他小鼠也得了流感，实验人员也出现症状。

事件分析

人员如果不了解国家对生物安全实验室特殊要求，如《生物安全实验室通用要求》、《人间传播的病原微生物名录》中将病原体按危害程度被分为 1 ～ 4 类，生物安全实验室分为 BSL-1、BSL-2、BSL-3 和 BSL-4，就不懂将不同等级病原微生物控制在相应条件下开展实验。

病原感染事件的发生原因，最常见的情况是，实验动物没有良好的设施、设备作保障，动物污染后处理不当，造成环境、动物、人员的生物危害。

小志自以为了解了生物安全发生的事故，就会注意避免发生，忽略了隔离操作，在普通环境实验室开展流感病毒实验，没有将病原控制在相应等级防护实验室（有点像 2003 年发生非典时的隔离医院——小汤山医院）中进行。

小志没有遵守这一规定，而是在动物房中开展了感染性试验，最终酿成了生物安全事故。

防范措施

病原感染实际操作过程中多个环节都会泄漏，造成污染。因此，感染病原实验的动物一定要隔离饲养，不能造成其他动物及人的感染。

（1）在动物实验开始前，一定要了解动物实验可能的生物危害，或来自动物的可能危害。

（2）必须采取安全防护措施：所有病原都应该在 1 ～ 4 级不同等级生物安全实验室中进行，动物实验要事先做好生物安全风险评估和风险控制，按表 2-1 要求严格操作，以确保安全。

表 2-1　生物安全实验室分类及防护措施

分类	病原	操作	一级屏障	二级屏障
BSL-1	4 类病原：不会经常引发健康成人疾病	标准的微生物	操作不要求	开放实验台、洗手池
BSL-2	3 类病原：人类病原菌，因皮肤伤口、吸入、黏膜曝露而发生危险	BSL-1 操作，加： ①限制进入； ②有生物危险警告标志； ③“锐器”安全措施； ④生物安全手册，其中规定废物消毒和医疗观察	1 级、2 级生物安全柜、实验服、手套，若需要则采取面部保护措施	BSL-1，加高压灭菌锅
BSL-3	2 类病原：内源性和外源性病原，可通过气溶胶传播，能导致严重后果或生命危险	BSL-2 操作，加： ①控制进入； ②所有废物消毒； ③洗涤前，实验服消毒； ④有基础血清	1 级、2 级生物安全柜、保护性实验服、手套、若需要则采取呼吸保护措施	BSL-2，加： ①与进入走廊隔开； ②双门进入，门自动关闭； ③排出的空气不循环； ④实验室内负压
BSL-4	1 类病原：对生命有高度危险的危险性病原或外源性病原；致命、通过气溶胶而致实验室感染；未知传播风险的有关病原	BSL-3 操作，加： ①进入前换衣服； ②出实验室前淋浴； ③带出设施的所有材料消毒	3 级生物安全柜或 1 级、2 级生物安全柜加全身、供应空气、正压防护服	BSL-3，加： ①单独建筑或隔离区域； ②有供气系统、排气系统、真空系统、消毒系统； ③其他有关要求

（3）动物实验根据病原危害程度可采取不同的实验环境，但必须通过风险评估确认，做到心中有数、防护得当。在做动物实验操作时不戴手套、不戴口罩、不戴面具、野蛮操作、忽视防护等是非常不负责任的行为（图 2-1）。

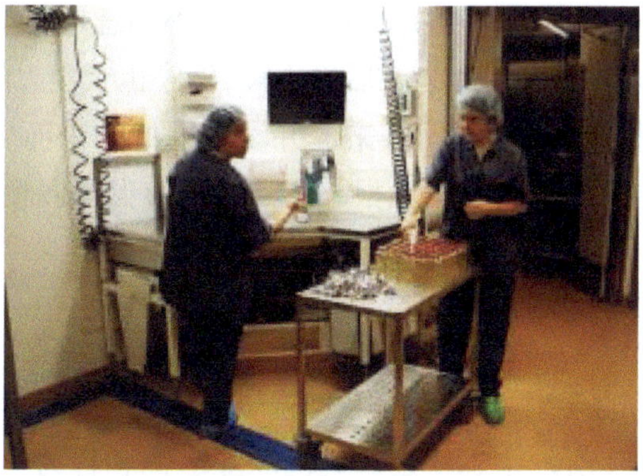

图 2-1　动物实验环境要通过风险评估决定采取何种防护措施

（秦　川　魏　强）

第三节　良好的个人行为成就动物实验

背景知识

《北京市实验动物管理条例》第九条要求从事实验动物工作的单位，应当配备科技人员，由实验动物管理机构负责实验动物工作中涉及实验动物项目的管理，并对动物实验进行伦理审查。第二十六条：从事动物实验的人员应当遵循替代、减少和优化的原则进行动物实验设计，使用正确的方法处理实验动物，要有良好的职业道德和行为。

受过专门动物福利与伦理学培训的人员，会尽可能地从动物福利角度考虑和处理问题，从主观上杜绝虐待动物的恶性行为。

实验人员一般不懂或忽视一些可能影响安全的因素，例如，实验室饮食、安全意识、动物福利等，而只关心实验结果如何。其实，在这种情况下得到的实验结果，是“受试物”加上“影响因素”的结果，不是真正意义上的真实结果。因此，在进行良好的动物实验时，应该排除这些程度不定的影响因素。

安全事件

小志研究生快毕业了，但动物试验结果一直不理想，小鼠结果都挺好，可是猴子实验一直不稳定。受到老师催促后，小志非常郁闷，不知不觉来到了实验猴房。看到一号猴对他龇牙咧嘴，又想到结果不满意，小志马上气从胆边生，拿起铁铲朝它打去，并恶语相加。之后仍不解气，停止了全天的饮食，作为惩罚。

路过二号猴时，发现它无精打采，并没有因他到来而受惊起来，小志也不像以往那样向主管兽医高博士汇报。第二天，该猴因肠梗阻死去。

事件分析

首先，小志将动物实验结果不理想的原因归罪于动物，攻击动物，既违反了生物安全防范的要求，也违反了实验动物福利要求，属于不尊重和虐待实验动物的行为；其次，小志缺乏起码的职业道德和行为约束。

动物实验，特别是猴、犬等大动物一定要注意试验期间的看护，实验人员要具备良好的个人行为，既要注重福利、伦理要求也要注重安全防护。重点识别造成动物生物安全风险的因素、安全影响因素、安全意识因素和动物福利因素，分别包括：

（1）不尊重实验动物的行为有：心理、行为上歧视动物；无视动物存在；不了解动物特性，任意处置、随意操作，如恶意挑逗、骑跨大型动物，甚至打骂动物。

（2）常见使动物遭受饥渴之苦的行为有：有意限制动物饮食，为了配合训练特定时间给食；惩罚动物，提供劣质食物，不当食物；随意改变食物种类，忘记每天补充饮食；等等。

（3）常见造成动物困顿不适的行为有：很多动物拥挤在狭小空间，不按国家标准提供实验空间；设施、设备偷工减料、不合格，尺寸过小；不理解动物对环境、空间的需求，过分实行物理限制；等等。

（4）常见造成动物不能表达天性的行为有：不了解动物天性表达的需求，不提供表达自由的环境条件；限制动物活动，随意虐待、伤害动物；将不同品系、品种动物混放在一起；等等。

防范措施

动物实验是非常复杂的实验过程，人员素质要求高，一定要选择基本素质过硬的人员进行动物实验，特别是大动物实验。重点应该防范：

（1）动物实验人员必须接受良好的培训，了解动物实验的复杂性，具备良好的心理素质，签署知情书后才能开展动物实验。例如，猴子比较聪明，会开锁，要注意管理好（图 2-2）。

图 2-2　会开锁的猴子

（2）实验人员要有对动物爱心、细心和关心的意识，同时要养成良好的个人行为习惯，正确对待实验结果。

（3）绝对禁止打骂惩罚动物行为，这样不仅会对动物造成伤害，也会对实验的客观性、科学性带来影响。

（秦　川　魏　强）

第四节　风险是安全事故的元凶

背景知识

我国《实验动物管理条例》对动物饲养管理，实验动物的检疫和传染病控制，实验动物的应用，以及从事实验动物工作的人员等都有具体要求。《实验室生物安全通用要求》中也特别强调了风险识别、风险评估和风险控制。生物安全风险评估和风险控制通俗地讲就是要了解实验可能的各种风险。针对各种潜在风险，采取必要的措施以防止事故发生；针对各种可能发生的风险，要建立风险预案制度，万一出现了风险，马上采取相应的应对控制手段。

动物实验涉及的所有方面，包括动物、病原、试剂、操作等可能带来的风险都应预先识别，并判定可能的危害。根据危害程度，提出风险评估，采取风险控制措施，是生物安全的核心工作。良好的危害评估工作应始于实验之前，实时评估于实验活动之中，定期阶段性再评估于实验之后。

在实验室工作中，通常应根据生物危害程度进行安全等级分类，对特定的病原微生物采取相应级别的生物安全防护，减少人员暴露的危险和使环境污染降到最低限度：

（1）动物的风险评估包括动物等级、大小、特性、饲养、操作、被动物咬伤和抓伤、气溶胶可导致的感染等。例如，小鼠产生的气溶胶要远远小于犬、猴产生的气溶胶，因此，安全防护措施就会截然不同。

（2）病原微生物的风险评估主要包括病原微生物的毒力、致病性、生物稳定性、传播途径、传染性、流行性，以及有效的疫苗和可用的治疗方法等，这些数据与资料可从国家监测数据、流行病学调查、已发表的科研论著、医学微生物学和传染病学教科书中查询。

（3）操作的风险评估内容更广，应预先确定拟进行的实验项目，以及实验操作中可能的各种有危害的实验步骤。例如，在处理病原微生物的感染性材料时是否使用可能产生病原微生物气溶胶的搅拌机、离心机、匀浆机、振荡机、超声波粉碎仪和混合仪等设备。

生物安全知识和有效措施的采用来自良好的培训。目前我国还没有专门、系统的实验室生物安全培训课程，主要依赖相关管理部门和所在单位的各种生物安全防护培训。每个人，如果从事动物实验或生物学实验，都应积极主动接受相关培训，良好的培训会使人终身受益。

在动物实验中，手是最常见的污染途径，在处理感染性材料时，污染物可以通过手而污染食物、皮肤或眼睛，从而感染实验人员；破损玻璃器皿的刺伤、注射器因操作不当的扎伤均可引起经血液感染；血清样本采集时可能喷溅，气溶胶可产生呼吸道感染或误入眼睛而发生黏膜感染等等。良好的生物安全防护措施建立在科学、客观、可靠的风险评估依据之上。

安全事件

研究生小志最近既兴奋又紧张，老师确定让他进行猴艾滋病感染实验。一听艾滋病，吓了一大跳，心里直犯嘀咕：不会被感染上吧？尽管按要求做了风险评估，接受了培训，还是不踏实：穿了三层防护服，戴了三层口罩和手套。

但在进行注射时，却因为手套太厚找不到感觉，一不小心，针头刺进了手掌。

事件分析

小志没有认真学会危害、风险识别和评估，因而没有采取正确的防护措施。猴艾滋病病毒 SIV 和人艾滋病毒 HIV 一样，不会通过气溶胶，也就是空气途径感染，没有必要戴三层口罩等用品。风险识别的重点应该是可能的血液感染，实验室损伤主要是划破伤和针刺伤，因此，风险防护的重点应该是保护皮肤免受划破和针刺。小志在试验中，因为风险防护重点不正确，过度防护而导致手操作不灵敏，反而使手成了风险点，最终造成生物安全事故。

防护措施

作为实验人员，必须了解实验过程中的生物危害，知道什么是生物安全风险评估和风险控制的基本内容，认真对待评估规范，严格做到：

（1）进行良好的生物安全风险评估和风险控制，应该针对每一步操作步骤可能产生的风险，进行相应的分析、评估，得出预防和控制的办法。

（2）遵循安全手册所有内容，不可使实验室制定的生物安全风险评估和风险控制规范只是抄录了来自说明书、操作手册等中的操作步骤。

（3）一旦出现风险，应及时采取安全、有效的措施，真正达到生物安全风险评估和风险控制的目的。

（4）实验室生物安全关乎每个人的安全，作为实验室人员，不管是教授还是学生，都应有良好的生物安全意识和理念，良好的素质和行为，以及良好的风险评估和控制能力。大家共同维护实验室环境，形成清洁、舒适、友好的工作氛围，也是实验室不断进步、不断提升，更加文明的需要。

（秦　川　魏　强）

第五节　动物实验需要硬功夫

背景知识

《实验动物管理条例》明确对动物饲养管理、实验动物的检疫和传染病控制、实验动物的应用，以及从事实验动物工作的人员等提出了要求。在北京从事动物实验的人员，必须取得北京市科委颁发的《实验动物从业人员上岗证》，方可开始动物实验。

为了更好地服务于科学研究，动物实验的结果应该是客观、公正、准确的。动物实验不同于体外实验，任何对动物带来不必要的不良后果的操作，都可能会影响实验结果，正确的动物实验要求实验人员必须了解正确的操作流程、掌握所需的动物实验技能，并能准确判断实验结果。具备了动物实验的能力，包括动物饲养能力、对动物认知能力、操作能力、信息采集能力、分析能力、关护能力和生物安全防护能力等，才能完成良好的动物实验，同时保证实验中的生物安全（图 2-3）。

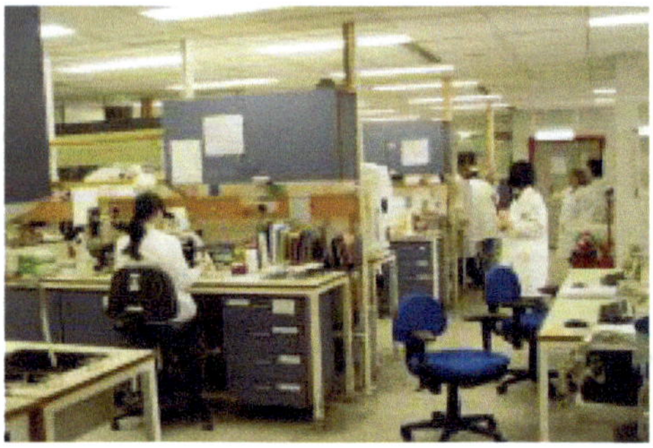

图 2-3　不同实验室生物安全防护有不同要求

安全事件

研究生小志完成了一年的学习，进入了实验室。“终于可以做动物实验了！”心里想着早日完成学业，不放过任何一个师哥师姐的动物实验观察。星期天一大早，来到了实验室，等着师哥的小鼠眼眶采血分析。一个小时过去了，师哥还未现身。觉得很简单，“我何不帮他采一下，给他个惊喜。”于是，小志的动物实验开始了……

师哥来后，看到小鼠眼球血流不止，记录本上记满“胡言乱语”，气不打一处来！这可是感染了小鼠肝炎病毒的鼠啊！它的血液是有感染性的，一旦防护不当，会污染整个动物设施！

事件分析

小志既没有取得实验动物上岗证，也不具备动物实验能力，更不懂试验记录术语，记录不规范，缺乏技能培训，未能遵守规章制度。特别是感染病毒的实验动物，应严格控制在一定环境中进行实验活动，仅凭胆识和想象做了动物实验，后果不堪设想。

举一反三：动物实验是特殊医学实验，要求所有从事实验动物和动物实验的人员，包括临时实验人员，必须具备资质，掌握一定才能上岗。在从事动物实验时，能力不足集中表现如下：

（1）操作能力不足。动物采血是最常见的操作，如果不了解准确的部位，加之血管非常细小，如小鼠的尾静脉，不通过反复练习，临时或匆忙上阵，会造成动物反复损伤或人员刺伤。动物手术、取样、解剖时会经常弄伤自己，一定要重点防范。

（2）分析能力不足。临床表现是这样描述的：动物第一天开始发烧、流涕、乏力、头疼、恶心、呕吐、无食欲、关节疼……你怎么知道动物乏力、头疼、恶心、无食欲、关节疼等这些主观体验呢？动物实验的信息采集，一定要客观描述，如使用动物活动减少、摄食量减少、精神萎靡、被毛脏乱等术语。有些人类出现的主观体验，如乏力、恶心等对动物来讲是不得而知的，动物实验是为人类服务的，不能反过来把人类的临床主诉强加于动物。

（3）护理能力不足。曾经见到过，将手术后的动物放回笼具中后，因处理不当，动物抓挠伤口，造成再次伤害。小鼠通过去眼球采血后，止血不好，放回后，遭到其他动物的撕咬，不仅非常残忍，而且造成局部环境污染。

防范措施

动物活体检测、外科手术、活体采样、解剖取材等技能要求实验人员能够熟练掌握，但这必须经过严格培训才能实际应用。能力是安全的保证，因此要求：

（1）任何从事实验动物或动物实验的人，必须取得“实验动物从业人员上岗证”，然后才可动手做实验。切忌无证上岗，害人害己。

（2）从事动物实验前，必须经过相关动物实验的技能培训、安全培训，还要进行本单位（室）的特殊要求培训。

（3）单位应加强出入动物房人员的资质管理，避免未经培训人员给实验动物安全和动物实验结果带来风险。

（秦　川　魏　强）

第六节　潜在的炸药库——有机化学实验室

背景知识

我国《危险化学品安全管理条例》对危险化学品的生产、经营、储存、装卸、运输、使用、出入库和废弃处置等有严格的管理要求。危险化学品是指具有易燃易爆、有毒有害及有腐蚀特性，能对人员、设施、环境造成伤害或损伤的化学品。包括爆炸品、压缩气体和液化气体、易燃液体、易燃固体、自燃物品和遇湿易燃物品、氧化剂和有机过氧化物、有毒品和腐蚀品等。

有机化学实验室所用的药品多数是有毒、可燃、有腐蚀性或爆炸性的，所用的仪器有很大一部分又是玻璃制品。所以，在有机化学实验室中工作，若管理不严，操作人员不执行操作规程，粗心大意，就容易发生安全事件，甚至导致严重事故。如割伤、烧伤，乃至火灾、中毒和爆炸等。因此，必须充分认识到化学实验室是潜在危险的场所，只要我们重视安全问题，思想上提高警惕，实验时严格遵守操作规程，加强安全措施，大多数事故是可以避免的。

安全事件

2015 年 12 月 18 日上午 10 点 10 分左右，清华大学何添楼化学实验室起火爆炸，该楼内存有化学品。“我在清华附中，爆炸声震得地面一颤，当时我在室外刚要进附中教学楼，还琢磨什么声会这么大波动。进楼后隔窗看对面实验楼，火已经窜出窗户，浓烟起，随后马上拨打了 110。附中距离现场 100 多米，看不见是否有人受伤。10 点半左右，清华附中国际部及时要求关闭窗户，在户外学生及时回教学楼。”有同学如此描述。

消防及救援部门随即赶到现场，目前火已扑灭，现场证实有一人死亡，附近人员已被疏散，并拉起警戒线。从目击者拍摄的照片看到，起火位置位于该楼二层，可见明显火光，并伴有黑烟腾起。

事件分析

据清华学生称，起火实验室当时可能正在进行有机催化的实验，但具体原因尚不清楚，有待相关部门进一步调查（图 2-4）。

图 2-4　起火的实验室（摘自仪器信息网）

梳理历年发生的实验室、生产场地、易燃易爆仓库发生火灾、爆炸事件或事故，均与下列因素相关。一是实验室管理不到位，包括制度、纪律、培训等出现问题；二是人员没有遵守相关规定，没有严格按操作要求进行操作；三是人员资质有问题，特别是学生、进修人员缺乏足够的培训；四是误操作，极端情况下出现意外不当操作，甚至恶意操作，导致事故发生。

防范措施

在处理有机实验室安全问题时，应该从实验规范、危险化学品管理、实验废液处理上下工夫，注重安全和安保两方面，有利于避免实验危险事故的发生，重点注意：

（1）每个人应该清醒的认识到实验室管理制度的重要性，必须遵守制度、规定和规范要求。管理人员要充分认识到提高实验人员意识的重要性，加强时效性培训，特别是对流动人员，如学生、进修人员的培训。不可产生麻痹思想，存有侥幸心理。

（2）严格按标准操作要求进行操作，不能麻痹大意，尤其在处理废液时，一方面对废液实行回收利用，另一方面无害化排放，从而降低实验成本，更可以减少对环境的污染。

（3）单位必须进行有效监管，动态管理，对可能发生危害的每个环节都要覆盖到位。

（4）积极开展风险应对预案的培训和演练工作。针对可能发生的实验室风险，提前进行培训和演练，培养人员熟练的应对意识，形成肢体惯性，有助于提高风险应对能力，降低重大安全隐患。

（5）每个人都应该熟知所使用的化学品的安全数据单，掌握其特性和应对方法。万一发生问题，可以针对性处置，将危险降低到最低程度。

（6）易燃易爆物品，必须存放在指定环境中，加强管理，源头控制。

（秦 川 魏 强）

第七节 实验室外的“职业病”风险

背景知识

职业病是指企业、事业单位和个体经济组织的劳动者在职业活动中，因接触粉尘、放射性物质和其他有毒、有害物质等因素而引起的疾病。环境因素包括内容生物的病毒、细菌、寄生虫;物理的工作负荷、噪声、振动、气象、气压、辐射线（放射线或非电离）、化学品、尘埃、药物、烟草、皮肤刺激物及食品添加剂，等等。各国法律都有对于职业病预防方面的规定，一般来说，凡是符合法律规定的疾病才能称为职业病。职业病的诊断，一般由卫生行政部门授权的，具有一定专门条件的单位进行。

最常见的职业病有尘肺、职业中毒、职业性皮肤病等。比如，职业性苯中毒是因在工作环境中吸入苯蒸气或皮肤接触苯而引起的中毒。有急性、慢性之分。急性苯中毒主要对中枢神经系统产生麻醉作用，出现昏迷和肌肉抽搐；高浓度的苯对皮肤有刺激作用。长期接触低浓度的苯可引起慢性苯中毒，出现造血障碍，早期常见血白细胞数降低，进而出现血小板数减少和贫血，患者可有鼻出血、牙龈出血、皮下出血、月经过多等临床表现。

安全事件

小志的爸爸非常辛苦，为了小志的前途，爸爸一直从事各种各样的，诸如采矿、油漆、废物提炼、装修等“危险”工作，挣钱供小志一直读到研究生。有一天，正在实验室忙活的小志突然接到家里的电话，说爸爸病倒了，让小志马上回去。

回到家里，爸爸已被送到了医院，出现头痛、头晕、流泪、咽干、咳嗽、恶心呕吐、腹痛、腹泻、耳鸣、畏光、心悸，以及面色苍白等症状。追问原因，才了解到爸爸最近一直忙于家具喷漆工作。由于天气变冷，厂房关闭了通风的窗户，几天下来，感到疲惫、恶心、头晕等不适，也没当回事，终于晕倒在了厂房。

经过医生急救，爸爸终于缓了过来，被诊断为苯中毒。

事件分析

小志爸爸发生职业性苯中毒，直接原因是职业环境不通风，苯无法快速播散出去，接触、吸入过多的苯引发急性中毒。急性苯中毒多为误服或急性吸入含苯的有机溶剂所致，这些有机溶剂包括油漆、稀料、工业胶水等。慢性苯中毒是长期吸入低浓度苯及代谢产物酚类所致。轻度中毒者可有头痛、头晕、流泪、咽干、咳嗽、恶心呕吐、腹痛、腹泻、耳鸣、畏光、心悸，以及面色苍白等症状；中度和重度中毒者，除上述症状加重，还有嗜睡、反应迟钝、神志恍惚等症状，严重者还可能迅速昏迷、脉搏细速、血压下降、全身皮肤和黏膜发绀、呼吸增快、抽搐、肌肉震颤，有的患者还可出现躁动、欣快、谵妄及周围神经损害，甚至呼吸困难、休克。一旦在职业场所出现上述不适，应立即报告相关管理人员，并迅速将不适人员带离现场。

防范措施

生物实验室或动物实验室尽管用到不少有毒有害化学物、药剂、试剂等，但用量一般有限，又控制在通风橱柜、安全柜中使用，一般不会发生诸如苯中毒等职业病危害，但使用不善或发生意外情况，可导致职业危害发生，应引起重视：

（1）实验室的每个人应该有遵守环境制度、规定、规范要求的意识，同时，应该了解到职业危害的可能性。

（2）实验室环境因素中的病毒、细菌、寄生虫、化学品、药物、噪声、振动，等等都会对健康造成危害，应该严格按照职业要求进行操作，不可擅自违反规定和要求。

（3）在实验室环境，一旦出现头痛、头晕、流泪、咽干、咳嗽、恶心、呕吐、腹痛、腹泻、耳鸣、畏光、心悸，以及面色苍白等症状，马上脱离现场，及时就医。

（魏　强）

管 理 篇

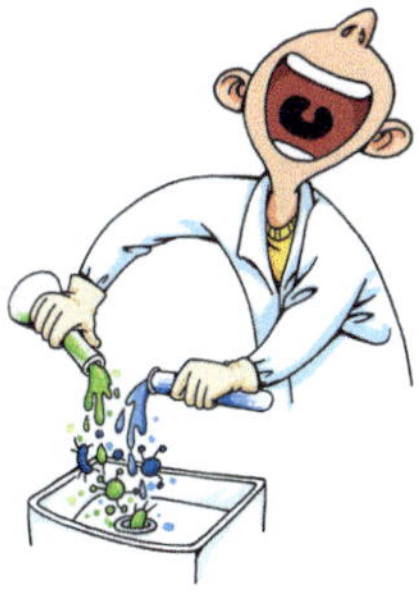

第3章

来自实验室管理不善的可能风险

第一节　紧急时刻帮助你的急救箱

背景知识

实验室工作需要认真仔细，努力避免意外事故的发生。但正如俗话说的，不怕一万，就怕万一，意外总是发生在不知不觉中。为保障实验人员安全，认可委发布了《实验室生物安全通用要求（GB19489—2008）》，规定 BSL-1 及以上实验室应配备适用的应急器材，如消防器材、意外事故处理器材、急救器材等，因此，每一个实验室都应备有急救箱和一些常用的应急药物。常用的急救箱包括：①医用酒精、碘酒、红药水、紫药水、止血粉、凡士林、烫伤油膏（或万花油）、1% 硼酸溶液或 2% 乙酸溶液、1% 碳酸氢钠溶液等，②医用镊子、剪刀、纱布、药棉、棉签、创可贴、绷带等。千万别小看这个小小的急救箱（图 3-1），从 1888 年美国强生公司的创始人 Robert Wood Johnson 发明以来，急救箱在关键时刻救助了无数的人员和生命；既帮助治疗轻微损伤，又可以为受伤严重者在等待医疗救援时提供急救协助，以免伤患恶化。

安全事件

小剑是某实验室的研究生，有段时间他实验很忙。一次，他在操作蛋白质电泳时听到另一房间内自己的计时器响了，赶紧跑了过去；谁知道脚底一滑，手撞到了实验台的角上，抬手一看，手背已经开始往外流血。按照实验室规程，小剑迅速退出实验室，找急救箱进行伤口处理和包扎。但询问多人，费

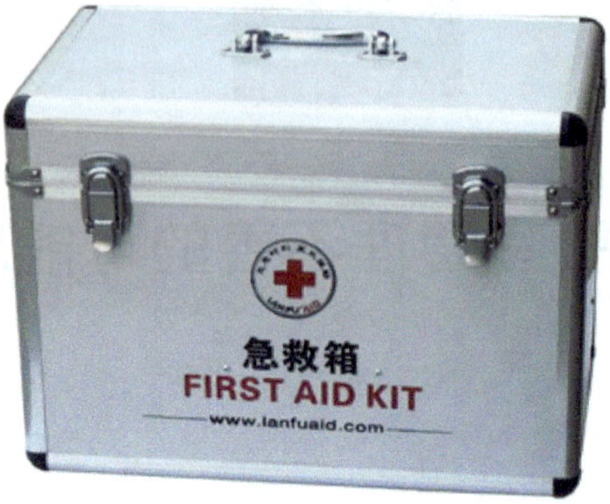

图 3-1 急救箱

了一番功夫也没有找到急救箱。他只好用将伤口简单清理了一下，随后去附近药店购买了纱布和医用胶布才把伤口包扎好。这时，伤口已经流了很多血，而且由于没有及时处理伤口，导致伤口感染了。

事件分析

发生此次事件的原因，归根结底是实验室安全管理不规范，以及实验室安全培训不到位。任何实验室或其他的实验场所，小磕小碰很难避免；虽然小心操作可以减少此类小事故的发生，但也难以绝对避免。小剑这次碰伤是一件很小的事故，却没处理好，费了一番周折，其深层次原因值得我们深思。急救箱管理存在问题导致小剑没能在第一时间找到急救箱；按照实验室规程，急救箱未经允许挪动了急救箱，一旦变更急救箱位置，应及时通知实验室人员；显然在这个安全小事故中，急救箱管理不善导致发生紧急情况后找不到急救箱。此外，急救箱使用的时机都是在意外发生后的紧急时刻，容易紧张、慌乱，应该放在醒目的地方。

防范措施

（1）急救箱要求有专人管理，定期检查、更新急救箱。至少每个月彻底检查一次，过期物品丢弃，再补充新品；若物品用完，请记得立即添购并补足。急救箱放置在易取放的场所并明确告知所有人员急救箱的位置，并在各种药品的外包装上贴上明显的标签，以便辨认拿取（图 3-2）。

（2）做好个人安全意识的教育，一旦找不到急救箱或者急救箱中的物品不足以处理伤口时，应借用隔壁实验室的急救箱。

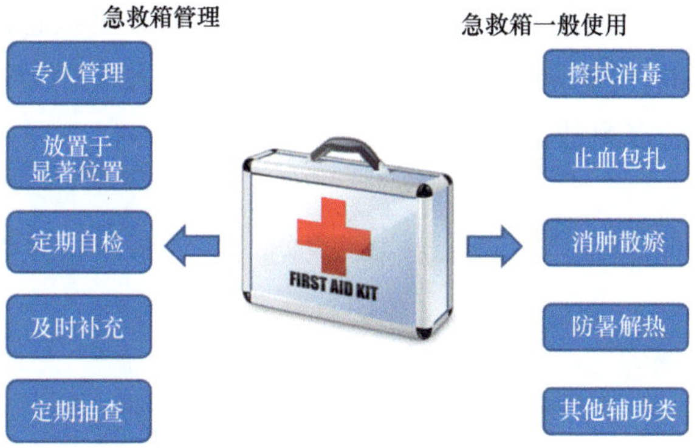

图 3-2　实验室急救箱的管理和使用

（3）应对实验人员定期进行安全和急救知识的培训。一旦有人受伤，尤其需要注意的是，要保持冷静；如果存在伤口，应清创，压迫止血，包扎伤口；出血多者，应尽早去医院作清创缝合。

（4）需要注意的是，急救箱中的物品只能处理轻微损伤和有助于防止中、重度损伤的恶化，绝不能替代医务人员的专业治疗。要注意观察受伤者的伤情，如果出现下述症状之一或者为烧伤、电伤、休克、骨折等，就应立即拨打急救电话或送医院治疗：①受伤者的眼睛周围、鼻子、耳朵有出血现象；②受伤者出现剧烈头痛，或恶心、呕吐、痉挛、麻痹、语言障碍。

（刘克剑）

第二节　不该发生在实验室内的争吵

背景知识

在生物安全实验室的日常管理工作中，实验人员是实验室安全运转的关键。高素质的实验人员可保证生物安全管理体系文件的准确执行，减少安全隐患。《实验室生物安全通用要求（GB19489—2008）》管理要求实验室人员具有良好的健康状态、技术技能和个人行为。实验人员的管理主要包括个人防护的要求、实验人员生物安全管理和生物安全培训。人的不安全行为和物的不安全状态是事故发生的直接原因。人一方面是事故要素，人的异常行为会导致或构成事故；另一方面是安全因素，人的安全行为也能保证安全。大多数伤害事故都是由人的不安全行为引起的，物不安全状态的产生也是由人的错误操作造成的（图 3-3）。因此，有效加强实验人员行为管理是防止生物安全实验室生物危害事故的关键环节。

图 3-3 实验室的战斗（Nature501,449-451（2013）doi:10.1038/nj7467-449）

安全事件

小红和小芳是生物安全三级实验室的实验人员，两人合作进行一项实验。但在具体实验过程中，她们对动物实验操作方案有不同的看法，进而发生了严重争执，各执一词，互不相让，结果导致实验无法按时完成；最为严重的是，她们带着不良情绪进行实验操作，两人赌气，各自退出实验室，没有进行实验后的环境消毒、灭菌处置。其结果是后续人员无法安全进入实验室，人为增加了发生生物安全事故的潜在风险。

事件分析

发生此次事件的原因，归根结底是实验室安全管理、监督不规范，以及实验室安全培训不到位。实验人员是实验室安全的根本保障，是所有安全措施的执行者，需要完全确保其行为符合安全要求。从本事件中可看出：实验人员小红和小芳缺乏良好的实验室操作素质。任何人不得在实验过程中发生人为主观事件，比如互相抱怨、埋怨，甚至吵架等，扰乱了人员正常呼吸，使面部防护用具失去防护作用。实验人员小红和小芳缺乏良好的合作关系，打乱了应正常配合完成的安全保障工作，实验室环境处于可能的污染之中。

她们的行为，违反了相应管理规定和要求。相关管理部门也没能严格把关，忽视了生物安全最重要的因素——人，应该引以为戒。

防范措施

（1）实验室管理部门应该建立人员准入的安全管理相关制度，对人员严格把关，必要时进行健康心理评估，不合格者（如不良情绪、心理障碍等），严禁进入生物安全实验室。

（2）从制度上杜绝此类事件的发生。对干扰正常实验的人员应立即停止其工作，根据其对危害的认识程度及事件后果，按照实验室制度对其进行处理。

（3）加强实验人员培训。包括实验室管理制度的培训、实验安全操作的培训、心理健康方面的培训等。实验人员在实验中如遇到分歧，应严格按照实验前制订的方案执行。

（4）加强思想教育。作为一名科研实验工作者，应具备团队合作的精神、认真负责的态度。高等级生物安全实验室尤其要进行思想作风方面的宣传教育。杜绝人为事故发生。

（5）做好生物安全实验室“传帮带”的工作。前辈们不仅要传授生物安全实验操作中的各种娴熟规范的方式和方法，而且要传授实验室的风气和精神。

（乔宏伟）

第三节　被实验动物咬伤后要打疫苗吗？

背景知识

为了避免被实验动物感染上疾病，实验动物是得到微生物、寄生虫有效控制的用于实验的“干净”动物。我国微生物学等级标准中，要求按照病原微生物、寄生虫对实验动物致病性和危害性的不同，以及是否存在于动物体内，将实验动物分成普通级动物、清洁级动物、无特定病原体级动物和无菌级动物四个等级类别。实验小鼠和大鼠的微生物学等级分为清洁级、无特定病原体级（SPF 级）和无菌级三个等级。豚鼠、地鼠和兔为普通级、清洁级、SPF 级和无菌级四级。犬和实验用猴分为普通级和 SPF 级。

普通级动物就得排除动物本身烈性病原和人兽共患病病原。人们担心，也就是通常需要打疫苗的病原主要有汉坦病毒引起的出血热和狂犬病毒引起的狂犬病。实验大鼠需要排除汉坦病毒，如均为清洁级以上级别，一般不会导致人类感染。狂犬病病毒应该是重点防范的，因此，标准规定普通级犬本身要求疫苗免疫，SPF 级不得进行疫苗免疫。

狂犬病又名恐水症，由狂犬病病毒所致的一种侵害中枢神经系统的急性病毒性传染病，人兽共患，所有温血动物包括人类，都可能被感染。在自然条件下，主要易感动物是犬科、猫科动物和蝙蝠。狂犬病病毒不能穿过完整的皮肤，需通过体表伤口或黏膜的直接接触完成感染过程，人多因被感染了狂犬病病毒的动物咬伤、抓伤，或舔了人的黏膜及破损皮肤而感染。临床表现为特有的恐水怕风、咽肌痉挛、进行性瘫痪等。

安全事件

一天，研究生小志在 SPF 级动物设施中给实验小鼠灌胃时，不小心被小鼠咬伤。只见他的左手食指上有 2 个清晰的牙印，表皮已经破损，并可看到轻微的渗血。他当时用流动的清水清洗了伤口，并涂抹了碘伏进行了消毒。当他的同学知道后，劝他赶紧去打狂犬病疫苗，否则发病后百分百死亡。他这时有个疑问：被啮齿类实验动物咬伤后会得狂犬病吗？

事件分析

啮齿类实验动物控制的微生物非常好，均为清洁级以上级别，不会携带或感染狂犬病病毒。即使是通常环境中的啮齿类动物对狂犬病病毒的敏感性也很低。被实验室或家养的啮齿类动物咬伤，一般情况下此类动物没有机会接触感染狂犬病病毒的动物，也没有可能被患狂犬病的动物咬伤，这种情况下感染狂犬病的可能性很小。有专家对美国、泰国曼谷、斯里兰卡和波兰等地的野鼠调查，都没有发现携带狂犬病病毒。2007 年 6 月初，美国俄勒冈州一人将狗叼回家的病态野鼠送兽医检查，报告怀疑它感染了狂犬病病毒，但最后被美国疾控中心（CDC）否定，虚惊一场。美国有人被患病的啮齿类动物咬伤的例子，但迄今没有发现鼠类或其他啮齿动物传染人狂犬病的例子。

即使被实验犬咬伤，也不用急着打狂犬疫苗。因为我国标准规定普通级犬本身要求注射疫苗，已经进行了免疫。SPF 级犬因控制良好，不得进行疫苗免疫，表明没有感染的可能。被其咬伤，更没有必要打疫苗。但是，特别提醒，如果使用的不是实验动物犬，或来源不清，或没有检疫证明等，则另当别论。

防控措施

（1）一定要使用合格的实验动物用于实验研究，不可图便宜，购买来源不清的啮齿类动物和犬，最好要求有质量证明或检疫证明。

（2）人员要高度重视动物操作，接受良好的培训，避免被动物咬伤。咬伤后，及时处理伤口。严重咬伤，应该及时到医院处置。

（3）由于对狂犬病尚缺乏有效的治疗手段，及时而有效的预防是挽救患者的关键。生活在狂犬病病毒流行地区、没有犬类和野生动物管制措施以及缺乏暴露后预防条件者，是面临感染病毒风险最大的人群。如果在狂犬病流行的地区被野鼠咬伤，野鼠曾接触过患狂犬病的狗猫，应当评估人被咬伤的严重程度和咬人动物感染狂犬病病毒的可能性。并对动物进行隔离观察，人员应及时处理咬伤的伤口，并到疾控中心进行咨询诊治。

（高　虹　魏　强）

第四节　避免实验动物引起的过敏

背景知识

我国《实验动物管理条例》强调了动物饲养管理，实验动物的检疫和传染病控制，实验动物的应用以及从事实验动物工作的人员的具体要求。动物来源的致敏性物质，即过敏原，常因不规范防护或无效防护，导致实验人员、饲养人员产生过敏反应，应该避免发生。

常见实验动物大鼠、小鼠、豚鼠、兔和猫等具有很多种过敏原，主要存在于皮毛、毛屑、垫料、尿液、唾液和其他不明来源中，在处理动物、剪毛、更换饲养笼和垫料，以及清理动物室时形成的气溶胶颗粒均能引起过敏反应。

饲养人员和实验人员都要求在动物饲养环境和实验环境中穿戴相应的防护装备，如口罩、防护服、防护镜、手套等，以便避免和过敏原的直接接触。一般情况下，通过规范的个人防护，是可以避免过敏反应的发生。

安全事件

小志从小就非常喜爱动物，家里面也养过宠物犬。最近，他对老年性痴呆小鼠模型非常感兴趣，经常和师兄一起观察动物的“痴呆”表现。周日，小志又来到了动物实验室，在准备室穿上白大衣和帽子，却发现手套盒和口罩盒空了，一边责备保障人员没能及时补充，一边打开了动物实验室。给大概 20 盒小鼠换完垫料后，小志开始喷嚏不断，眼周围、脖颈子等部位瘙痒难忍，眼睛也开始流泪。

事件分析

导致小志过敏的直接原因是没按规定进行有效的个人防护，进入动物实验室没戴口罩和手套。在更换动物垫料时，导致来源于皮毛、毛屑、垫料中的致敏物质直接和鼻腔、手、身体其他裸露部分接触，导致过敏发生。为了减少过敏原的危害，实验室一定要配备个人防护设备，如实验衣、手套、面罩、呼吸设备、生物安全柜和垃圾回收站等。常见的动物过敏原如表 3-1。

表 3-1　常见实验动物过敏原

动物种类	变应原	分子量（$\times10^3$）	来源	生物功能
小鼠	前清蛋白（Mus m1）	19	毛发、皮屑、尿液	促脂素结合蛋白
	前清蛋白（Mus m2）	16	毛发、皮屑	未知
	清蛋白		血清	血清蛋白
大鼠	大鼠 n 1A/ 大鼠 n 1B	18.7	毛发、皮屑	促脂素信息素结合蛋白
	$\alpha2_u$ 球蛋白	/	尿液、唾液	/
	清蛋白	/	血清	/
豚鼠	Cav p1	/	毛发、皮屑、尿液	未知
	Cav p2	/	毛发、皮屑、尿液	/
兔	Ory c1	17	毛发、皮屑、唾液	未知
	Ory c 2	/	毛发、皮屑、尿液	/
猫	Fel d 1	38	毛发、皮屑、唾液	未知
	清蛋白	/	血清	血清蛋白
犬	Can f 1	25	毛发、皮屑、唾液	促脂素半胱氨酸蛋白酶抑制剂
	Can f 2	19	毛发、皮屑、唾液	促脂素
	清蛋白（albumin）	/	血清	血清蛋白

数据来源：Wood RA. Laboratory Animal Allergens. ILAR J, 2001（42）: 12-16

防范措施

为避免饲养人员和实验人员发生过敏反应，一定要通过穿戴适合的个人防护装置，减少、免除和动物来源的过敏原的接触，重点应注意以下方面：

（1）动物室内保持良好通风状态，保持动物笼舍及工作区清洁；

（2）实验人员一定要规范防护，应做到工作时戴手套、防护眼镜，穿实验衣或防护衣，减少与动物直接接触的机会；

（3）动物实验应保持在层流柜或生物安全柜内操作，如果没有此类设施，需要佩戴防尘口罩；

（4）实验人员应勤洗手，尤其是离开工作区前清洗手、脸和颈部；工作时避免接触脸、挠发或抓痒。

（秦　川　魏　强）

第五节　你可能是下一个“职业暴露”的受害者

背景知识

早在 1988 年，国家就发布了《实验动物管理条例》，对动物饲养管理、实验动物的检疫和传染病控制、实验动物的应用以及从事实验动物工作的人员等提出了要求。2004 年制定的《实验室生物安全通用要求》强制性标准在防范职业暴露中起到良好的作用。

实验室操作主要分为动物操作和试管操作，也就是体内实验和体外实验。动物实验相关实验室既涵盖了一般实验室的生物安全要求，同时因实验动物的特殊性，也使得实验室生物安全变得更加复杂和多变，人员要求更加严格，生物安全事件也相对较多。

围绕动物实验，职业暴露最大的风险来自动物本身、样本、排泄物、分泌物、毛发中的人兽共患病病原感染。这种感染可以使严重的、明显的，也可能是隐形的、潜伏的。同时，感染的人员也可以作为传染源传染给其他人。

安全事件

年轻科学家小志在实验动物检测实验室工作，参与多项病原体的检测，比如沙门氏菌、志贺氏菌、结核杆菌、流感病毒、肝炎病毒等病原体，其中不少是人兽共患病原体。小志一直勤奋工作，充满热情，从事多种病原体检验工作有一段时间了，没有发生过所谓的安全“事故”，自认为有些环节麻烦，操作繁琐。为了提高效率，忽视了生物安全防护，往往实验区域和办公区域混合通用，实验物品和个人用品不加区分，手套、鞋套、口罩、护帽和白大衣随处乱放。

最近，他总感到身体不适、乏力、烦躁不安、精神差，有时发热、局部瘙痒、疼痛。血清检测发现许多病原抗体呈现弱阳性，疑似感染了实验室的病原体。无奈之下，他只得停止工作，先行休息，等待进一步就医检查。

事件分析

小志发生职业暴露的根本原因在于没有保持良好的生物安全防范措施，实验室和公共区域的把控不到位。从事病原体相关工作的实验人员，必须进行实验动物相关法规、制度、指南和标准的培训，掌握实验动物知识和生物安全知识。特别像小志这样的年轻人，尽管工作热情高涨，而忽视了生物安全问题，久而久之，就会造成严重环境污染，最终人员也被感染。

当从事病原体检测、检验、化验、检疫的人员感到周身不适、乏力、烦躁不安、精神差，甚至有时发热、局部瘙痒、疼痛，血清检测发现病原抗体阳性等情况时，可能意味着实验人员受到了实验室不安全因素的干扰、侵染，而使健康受到了伤害。这种感染往往以不易察觉的方式进行，大多呈现隐形过程，即所谓职业暴露。特别是病原微生物的职业暴露，不仅威胁到个人，可能还会造成不同程度的扩散，导致环境、外部人员感染，甚至成为疾病传染源。

防范措施

认识到可能的职业暴露，从业人员应该保持良好的动物生物安全和避免职业暴露的意识，接受并自觉进行动物疾病、人兽共患病等相关培训，一定重点采取以下防范措施：

（1）每个人必须学习实验动物相关法规、制度、指南和标准，掌握实验动物知识和生物安全知识，接受专业培训，做一个真正合格的动物实验人员。

（2）病原不分你我，隐患随处都在。从事动物实验前，应该进行充分的实验室生物安全操作规范、防护培训。严格控制实验室区域，不可将实验用品带到公共区域，如图书馆、办公室、行政管理部门甚至洗浴间、食堂。

（3）针对病原微生物，特别是人兽共患病原体，必须严格按照操作规程实施，这是控制病原体传播的最有效途径。

（4）实验室应该为实验人员提供专业的职业健康监护和管理措施，定期监督生物安全规范的执行情况，定期体检，定期培训，做到个人和集体良好的安全文化环境。

（秦　川）

第六节　生物安全实验室内“拼命工作”要不得

背景知识

高致病性病原微生物，即我国规定的 1、2 类病原的动物实验都要求控制在具有负压条件的生物安全三级或四级实验室中进行。实验室负压环境的维持，是保证病原不会泄露到外环境的基本前提。任何破坏实验室内送风、排风的流速，走向的因素，都会影响室内可能的污染控制失效。比如在室内快速行走，动作过大，大幅度使用清扫用具等都会造成局部气流紊乱。不合理使用生物安全柜、负压动物饲育笼，比如在前部过多走动，也可导致生物安全柜气流紊乱，间接影响室内整体气流方向。

实验人员要了解实验室防护结构和原理，根据实验室特性要求，进行适当的个人防护和良好的操作，减少、避免不当行为对环境、设施、设备带来的各种干扰因素，不可随意操作。实验进行前、进行中，以及进行后都要进行严格的环境消毒、灭菌，包括接触的物品、实验台面、地面、墙面等，消灭可能的环境污染病原，避免造成各种隐患污染。

安全事件

小志被许可进入动物生物安全三级实验室（ABSL-3）进行高致病性禽流感病毒 H7N9 感染恒河猴实验，显得非常兴奋。为了证明自己的决心和努力，每天非常尽力尽责，不断得到老师和同学们的赞扬。有一天，老师在监控中远程指导实验，看到小志正在清理实验环境。只见他手拿大把消毒巾，快速、大幅度地来回擦拭墙面，跑来跑去抹擦桌面和地面，甚至挥舞着双手擦拭门面，十分拼命……老师马上通过话筒叫了停止。小志心中纳闷：我加紧干完，争取腾出时间再干点别的，有什么错吗？

事件分析

实验人员非常重视实验结果，对实验室结构，防护原理等不太重视，或不十分理解其重要性。

小志就犯了这样的错误。他不知道，正是他的大幅度动作，扰乱了实验室内有序的气流组织，形成的局部乱气流，破坏了单向流的方向，病原微生物可能因此被带到各处，甚至空间的死角，反而造成危害。快速动作，还会增大自主呼吸，使得 N95 口罩滤过功能受损，带来隐患。他也不应该在特殊实验室中超时工作，疲劳、困顿、注意力减退都是不安全因素。

防范措施

高等级防护实验室是通过设施、设备和人员防护阻止可能的病原污染，实现控制病原扩散的目的。得当的消毒、灭菌方法在环境控制方面起到至关重要的作用。因此，实验人员应该做到：

（1）实验人员应该高度重视了解实验室功能，接受良好的设施、设备、人员防护用品选择培训，培养良好的和人行为。

（2）弄懂实验室功能原理，配合有效、良好的措施是安全的根本保证。实验人员应该具有成熟的心里素质，有条不紊的进行实验操作，切忌赶时间、追进度而忽视影响安全因素。

（3）对实验室涉及的通过压差控制安全的设施、设备，如核心工作间、缓冲间、生物安全柜、负压解剖台等要充分掌握操作要点和注意事项。

（秦　川　魏　强）

第4章

来自实验室生物入侵的可能风险

第一节　超级细菌之殇

背景知识

基因工程也称为DNA重组技术，是对不同生物的遗传物质——基因在体外进行剪切、组合和拼接，是遗传物质的重新重组，然后通过载体将其转入微生物、植物或动物细胞内，使所需要的基因在细胞内表达，产生出所需要的产物或组建新的生物类型的过程。

基因工程技术的应用带来了人们对生物安全的思考。除了转基因植物与动物带来的生物安全问题之外，在科学研究过程中，与基因操作或病原菌相关的实验过程中也会产生许多细菌废弃物，这些细菌废弃物如果不严格处理会污染实验室，甚至会危害到实验室人员的健康与生命。这些带有基因（多数带有抗抗生素基因）的细菌或病原菌一旦流入环境中，会带来环境生物安全，基因漂移过程中甚至会引起病原菌抗药能力提升，给治疗带来困难（图4-1）。

《实验室生物安全通用要求（GB19489—2008）》要求，危险废物处理和处置必须符合以下要求：①将操作、收集、运输、处理及处置废物的危险减至最小；②将其对环境的有害作用减至最小；③只可使用被承认的技术和方法处理和处置危险废物；④排放符合国家或地方规定和标准的要求。

安全事件

“王教授——”

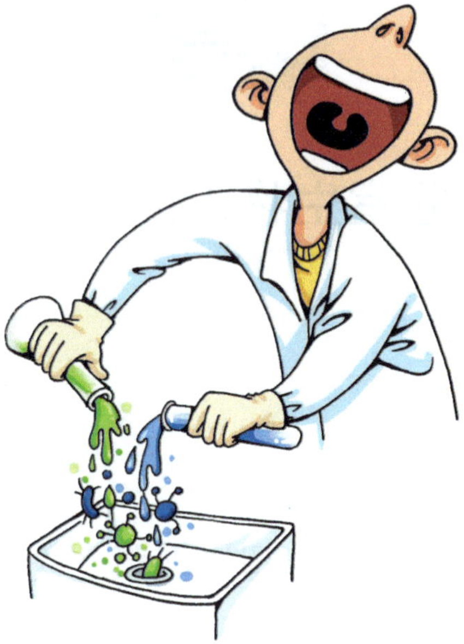

图 4-1 试剂用后要回收，禁止倒入下水道

调查员匆忙地推开了办公室门，冲着王教授喊道：“截至目前，已出现第 1541 个感染者了，今天感染人数比昨天骤增 86%，死亡人数已达到 148！您这里查的怎么样了？”

“什么？”王教授的惊得抬起头来：“疫情怎么发展得如此之快？”同时，他按下了打印键，打印出了检测结果。

“唉——，”调查员无奈地摇了摇头，“这种传染病，任何抗生素都没有效果！”，他一边说着，一边将目光锁定在了检测报告上，“天哪，这是生物武器吗？”

“我也不知道。”王教授舔了舔干裂的嘴唇，苦涩的皱着眉头：“感染源——超级细菌已经分离出来了。经鉴定发现，细菌内的质粒上携带有 8 种抗抗生素基因！如果不是生物武器，就是某个实验室惹祸了——”突然，王教授似乎想起了什么，急喝道：“疫源地！疫源地在哪？”

“一家叫水中月的农场，里面运输出来的蔬菜上多数都带有这种细菌。”调查员摇头道：“农场主已被控诉，正在喊冤呢。”

“过去看看，”王教授略一思索，便站起身来，同调查员走了出去，“同时到农场附近的研究所看看。”

……

“哈哈，皇天不负有心人”，一位年轻的博士生欣喜的喊叫着，“我能发 *Science* 了！我的药能抗同时携带 8 种抗生素的病菌，在动物实验上也有效！”博士生一边笑着，一边将三角瓶中的细菌培养物径直倒入了下水道中。

突然，实验室门被推开了，走进来一群人，在王教授的示意下，脸色苍白的导师向这位博士生说了他闯下的弥天大祸，言语中不乏怨恨和懊悔。

“咔嚓——”

当锃亮的手铐戴在手腕上时，博士生还处于惊讶中。突然，他似乎想起了什么，顿时大叫道：“别抓我，我有药，我有药啊！”

“已经死了 148 个人了，你的药能救活他们吗？”王教授冷冷地盯着博士生呆滞的眼睛，冲着身后挥了挥手：“带走！”

“别忘了，让他先把药交出来。”王教授在调查员耳边低语了一句。

由于该博士生的肆意妄为导致超级细菌疫情的发生，死亡 148 人，导致了严重的社会动荡。

事件分析

发生此次事件的原因，归根结底是对基因工程废弃物的危险性认识不足，就实验室安全管理制度缺乏。在该事件中，涉事实验室的研究涉及基因改造新物种的内容，该博士生构建了含多种类抗抗生素基因的病原菌，涉及基因物种与致病菌的双重生物安全问题，但由于该实验室缺乏生物安全的风险评估与预警体系，没有建立相应的操作规范和生物安全相关废弃物的处理制度，或者该实验室的工作人员没有执行该制度，导致带有抗性基因的病原菌泄露到环境中，通过污染农作物而导致了超级细菌疫情的发生。此类事故一旦发生，难以补救，具有极大的社会危害性。还应该充分注意：携带有抗性基因的非致病菌，同样有通过基因漂移而将抗性基因传递到致病菌中，从而产生超级细菌的危险（图 4-2）。

防范措施

对于带有抗性基因的基因工程菌或病原菌废弃物，处理之前进行灭菌可以有效避免抗生素抗性基因的漂移和病原菌对环境的污染。

（1）充分认识基因工程技术的生物安全风险；基因工程技术是相对新颖的实验技术，发展较快，应用广泛，但其潜在的生物安全风险尚未被科研人员充分认识；近年来，通过“超级流感病毒”事件，科学界逐渐认识到基因

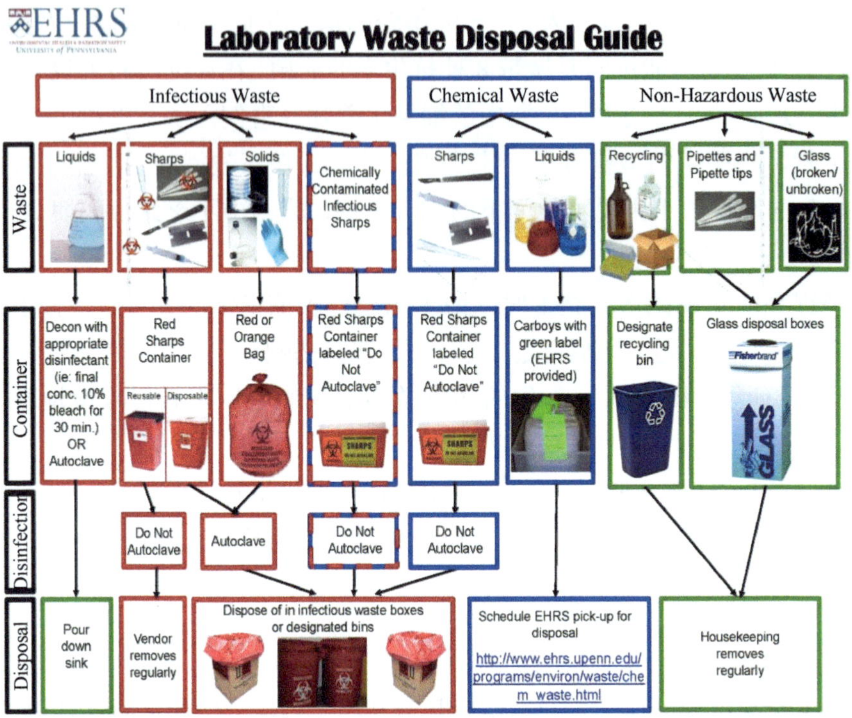

图 4-2　实验室废物处理流程图（http://www.ehrs.upenn.edu/programs/bio/waste/）

工程技术的生物安全问题，但还需要进一步对一般工作人员和公众普及相关知识。

（2）建立基因工程废弃物的风险评估与预警体系；在基因工程使用过程中，肯定会涉及一些需要丢弃的废弃物，如此处理这些废弃物成为了一个关键问题，每个相关实验室应对本实验室操作的基因工程对象的生物安全风险进行详细的评估，并制定相应的预警体系，以备不时之需。

（3）相应的操作规范和生物安全相关废弃物的处理制度；具体地，实验室内涉及分子生物学的细菌、真菌、细胞液体或固体培养物，在丢弃前均应高压灭菌处理；不仅是细菌培养物，细菌操作过程中使用的一次性接种、培养、收集、后处理等实验材料均应高压灭菌后再行处理；构建的分子生物学载体，若含有抗性、生物毒性或病毒的基因，应该在丢弃前进行 DNA 消化处理。

（刘江宁）

第二节　防止来自实验室外界的病原

背景知识

根据实验动物微生物控制标准，将实验动物分成 4 个等级：普通级实验动物是指体内必须排除人畜共患病和烈性动物性传染病病原微生物及寄生虫的动物；清洁级实验动物是指必须在普通级实验动物的基础上，再排除实验动物特有的对动物危害大和对科学研究干扰大的病原微生物及寄生虫。SPF 实验动物必须在清洁级实验动物的基础上，再排除特殊病原微生物，通常是指广泛存在于自然界，对实验动物致病力较低的条件致病微生物及寄生虫（潜在感染或条件致病）或严重干扰实验结果的病原微生物和寄生虫；无菌实验动物是指体内不存在任何可检测到的微生物及寄生虫。严格控制实验动物病原成为动物实验顺利进行的关键。

此外，为保证实验动物和实验室的洁净程度，《实验室生物安全通用要求（GB19489—2008）》规定实验室应有防止节肢动物和啮齿动物进入的措施，如有窗户应设置纱窗。二级及以上实验室门应带锁并可自动关闭。生物安全三级及以上实验室一般都设有监控系统，实时监控实验室各项活动（图 4-3）。

图 4-3　生物安全三级实验室的监控系统

安全事件

师兄毕业了，小明今天第一次独立做实验。小明承担的课题是研究某种中药复方对阿尔兹海默病的治疗效果及机制，按照课题设计，他需要将中药掺在饲料里喂给小鼠吃。收到厂家发来的饲料，小明在实验室按照配方将中药掺在饲料里；就在他接蒸馏水的过程，发现一只流浪猫在吃他做的小鼠饲料；这时他才想起没有关实验门。然后他将流浪猫轰了出去，继续用水和面，并在实验室的桌子上做成了条状饲料，晾干后将饲料直接拿进 SPF 级动物房，喂给小鼠吃。不料，小鼠吃了饲料后陆续开始腹泻，相继死亡，经检查发现是外界病原微生物感染所致，导致这次动物实验半途而废。

事件分析

发生此次事件的原因，归根结底是对实验室认识不足，实验室防护系统故障。在该事故中，由于小明饲养的是 SPF 级动物，说明其实验室应为二级及以上。而小故事中的实验室设施不合格，门不能自动关闭，导致流浪猫有了可乘之机，污染了整个实验室环境。此外，小明缺乏基本的 SPF 级动物饲养知识，在普通环境下，用普通水制备的饲料直接饲喂 SPF 级动物，没有经过消毒过程，可能导致动物被病原感染。最后这种动物饲料可能被猫等动物触动过，带有不明微生物，导致 SPF 级动物生病、死亡，也将污染整个动物实验室。实验动物得病后，也会对实验人员的健康带来潜在的危害（图 4-4）。

图 4-4　动物饲养

防范措施

实验动物具有不同的微生物等级。动物实验室必须防范其他病原体的入侵，才能保证实验室活动的顺利开展。重点注意：

（1）动物实验开始前，根据实验方案做好准备工作，包括实验室常规设备维修、消毒、工作服、口罩、手套、垫料、笼具等的准备，确保实验室内到达相应级别要求。

（2）实验人员准备实验动物、饲料以及实验过程中所用药品、试剂、手术器械等，并进行消毒灭菌和微生物核验，符合清洁要求，方可使用；非实验所需的一切物品严禁带入实验室，确保动物和环境安全。

（3）进入实验室前，实验室人员必须熟练掌握屏障系统 SOP，人员进入必须按照实验室防护要求进行，如洗澡、消毒、物品管理等。

（4）使用人员试验完毕，应及时将所用的物品及废物、所换下的笼具、饮水瓶等带出实验室。将废物、垫料及时处理掉，并将换下的笼具做彻底清洗后放到指定位置。将所穿戴衣帽、手套、口罩及浴巾包布等放到指定位置，清洗整理。

（梁　良）

第三节　危险品的使用——“三致”物品

背景知识

实验室是科学研究和教学的重要基地，储存有实验必备的化学危险药品，包括“三致”物品。“三致”物品一般是指具有致癌、致突变和致畸作用的物品，GB 30000—2013 化学品分类和标签规范第 22 ～ 24 部分分别包含具有生殖细胞致突变性、致癌性及生殖毒性的化学品。“三致”物品的实验室管理和使用遵照国家《危险化学品安全管理条例》进行。还有部分“三致”物品为物理来源和生物来源，需要参照相关管理规定进行合理使用。

致癌作用是指导致人或哺乳动物患癌症的作用。早在 1775 年，英国医生波特就发现清扫烟囱的工人易患阴囊癌，他认为患阴囊癌与经常接触煤烟灰有关。1915 年，日本科学家通过实验证实，煤焦油可以诱发皮肤癌。污染物中能够诱发人或哺乳动物患癌症的物质称为致癌物。致癌物可以分为化学性致癌物（如亚硝酸盐、石棉和生产蚊香用的双氯甲醚等）、物理性致癌物（如镭的核聚变物等）和生物性致癌物（如黄曲霉毒素等）三类。

致突变作用是指导致人或哺乳动物发生基因突变、染色体结构变异或染色体数目变异的作用。人或哺乳动物的生殖细胞如果发生突变，可以影响妊娠过程，导致不孕或胚胎早期死亡等。人或哺乳动物的体细胞如果发生突变，可以导致癌症的发生。常见的致突变物有亚硝胺类、甲醛、苯和敌敌畏等。

致畸作用是指作用于妊娠母体，干扰胚胎的正常发育，导致新生儿或幼小哺乳动物先天性畸形的作用。20 世纪 60 年代初，西欧和日本出现了一些畸形新生儿。科学家们经过研究发现，原来孕妇在怀孕后的 30 ～ 50 天服用了一种称为“反应停”的镇静药，这种药具有致畸作用。目前已经确认的致畸物有甲基汞和某些病毒等。

EB 是一种强诱变剂（可能造成遗传性危害），对皮肤、眼睛、口腔和上呼吸道系统有刺激性作用。EB 可以通过皮肤吸收，直接接触有中等毒性。因此，应将 EB 安全密封，并密闭存放于干燥避光处；避免一切与 EB 的直接接触（图 4-5）。本节以 EB 为例，说明实验室危险化学品的管理和使用。

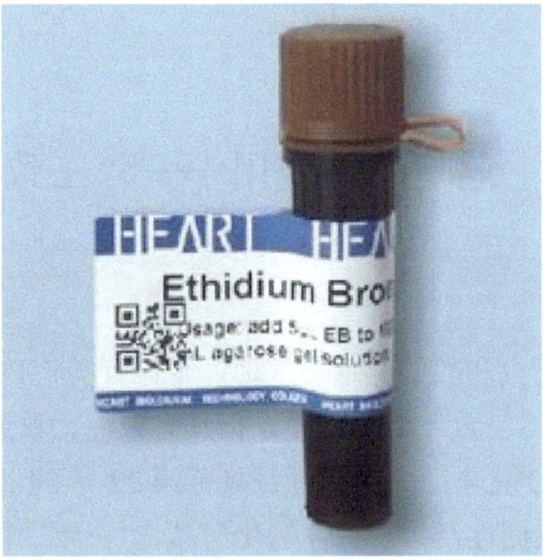

图 4-5　EB 溶液是致癌剂

安全事件

今天是小明期盼已久的日子——情人节，晚上他要跟他的女朋友一起出去吃饭；可是他今天下午还要做聚合酶链反应（PCR），然后电泳检测 PCR

产物。实验时，小明一心想着今天晚上的约会；为了赶时间，他配完琼脂糖凝胶后，将吸过 EB 的枪头随手扔进了水池。这时他的电话铃响了，他没来得及摘手套就掏出了电话打了起来。接完电话，小明顺手把照过紫外线的凝胶扔进了生活垃圾桶，而且其在操作计算机时没有换掉配胶时的手套。殊不知，小明在享受两人世界的时候，实验室环境、实验室清洁人员及实验室垃圾处理场地都被 EB 污染了，可导致相关人员的污染发生。

事件分析

发生此次事件的原因，归根结底是小明对 EB 危害的忽视，及实验室安全培训不够。EB 是一种强诱变剂，直接接触有中等毒性，需要避免一切与 EB 的直接接触。在这个事故中，小明不应将吸过 EB 的枪头直接扔进水池，也不应把含有 EB 的凝胶扔进了生活垃圾桶，否则会污染地下水和环境；应放入专门容器，进行后期无害化处理。此外，小明不应戴着手套打电话和接触电脑，手套上沾有 EB，会污染手机和电脑，间接导致 EB 接触自己或其他实验室人员皮肤；应进行实验室有效分区，手套区别使用，避免交叉污染。

防范措施

在实验室使用含 EB 类危险品前，需认真查看 EB 安全使用说明（图 4-6）：

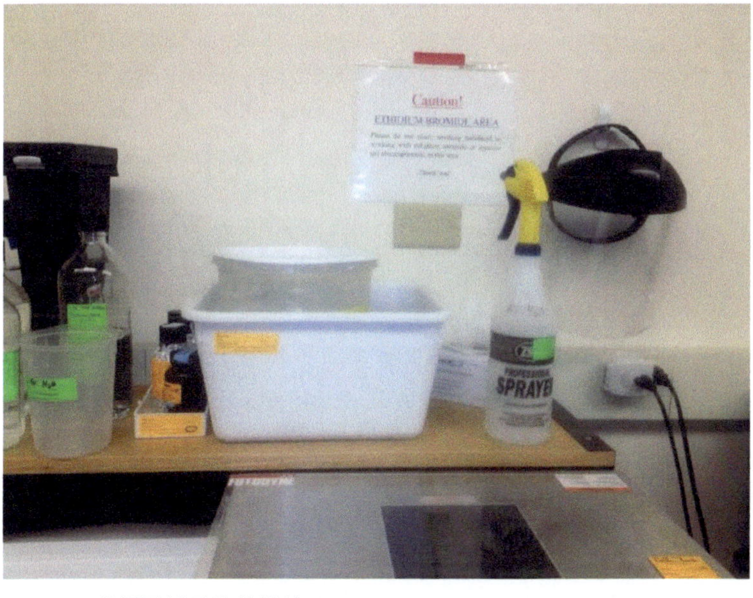

图 4-6　EB 使用区域及防范措施（http://www.uvm.edu/safety/lab/label-and-store）

（1）在专门区域使用，并配备相应的设备（如洗眼及淋浴设施）、防护用品和清消用品；进入工作区域需穿戴完全，包括白大衣、一次性手套、一次性口罩、一次性帽子和防目镜等个人防护用品。

（2）在通风橱使用粉状或结晶 EB，或使用含 EB 的溶液或片剂时，为避免吸入 EB，应避免与 EB 直接接触。

（3）为避免皮肤接触到溶液中的 EB，应戴手套、实验服和防护镜，并勤换手套，避免接触其他物品，以免交叉污染。使用后脱去手套及时洗手，彻底处理掉残留的 EB。

（4）与其他化学药品一样，在 EB 的使用及放置房间内严禁饮食、化妆等行为。

（5）如果 EB 不慎溅入眼睛，立即用大量的清水或生理盐水冲洗至少 15min；如果皮肤不慎接触到 EB，立即脱去被污染的衣物，再用肥皂清洗接触到的皮肤，用清水冲洗至少 15min；如果不慎误服或吸入 EB，将受害者移至通风处，并及时送医救治。

（梁　良）

第 5 章

来自实验室废弃物的可能风险

第一节　该如何处理动物尸体

背景知识

艾滋病、埃博拉、非洲昏睡病、刚果出血热，以及最近出现的中东呼吸综合征都是最早由动物传播给人。我国对感染疾病的动物及动物尸体有相应的法律或管理规定，如《中华人民共和国动物防疫法》、《重大动物疫情应急条例》规定，畜禽发生疫病死亡时，必须进行彻底的无害化处理。在无害化处理过程中要注意个人防护，防止人畜共患病传染给人。传染病的发生会造成难以估量损失，对社会、家庭影响甚大。研究控制手段，包括源头控制，切断传染源，免疫人群都非常重要。

实验室内感染的实验动物、其他生病或死亡动物新鲜的组织样本或体液（泪液、唾液、精液、组织液、血液等）等，都有潜在传染性，应按照相关的操作规程在有防护的情况下进行操作。尤其是在进行病理学检查时，所采集的标本几乎都是病变组织或手术切除的病变器官，其中含有病原微生物的可能性很大，病原体的种类和性质也常常不确定，有时甚至带有危害性极强的高致病性微生物，工作人员在标本采集、标本运送与接收、组织固定、脱水、包埋、切片制片等过程中都有可能接触到有害生物因子，而被解剖的尸体常是因不明死因或因烈性传染病致死的，对参加尸检工作的病理医生和技术人员都有一定的危险性，且存在对周围环境造成污染的潜在威胁（图 5-1）。

进行动物实验操作时还有其他因素会造成操作人员或环境污染，包括被

图 5-1　实验室废弃物要分类处理

感染性实验材料等污染的物品与器材，如手套、口罩与防护服、试管、平皿、吸管等实验器材；废弃的感染性实验样本、培养液、培养基；等等。污染材料需要按适当的处理方法，如高压、浸泡、焚烧等方式处理。对于病理性废弃物，如质粒、细胞、单克隆抗体、临床组织样本，以及实验动物组织、尸体等废弃物，应集中放置于实验室指定位置，严格与感染性生物材料区分，以备高压灭菌后处置。

安全事件

小明硕士所学专业为兽医病理学，跟着导师东奔西跑解剖了不少病死动物，在学到许多病理解剖知识的同时，也看到了不少单位对病死尸体处理的不妥之处。

秋天是秋风送爽的季节，动物园却传来消息，一只麋鹿出现急性死亡，需要马上准备器械和固定液去剖检。又是一个学习的好机会，小明当然不能错过了，马上准备东西出发。一路上讨论的麋鹿病情与常见病，都不如亲眼见到那惨死的“国宝”令人兴奋。死亡的麋鹿正值壮年，观察体表特征，基本排除了炭疽感染的可能，询问了饲养管理情况后，开始剖检。按照一般的解剖程序解剖、观察记录、画线、冻存、取材、固定等。终于解剖完了，小明直了直酸痛的腰。对于眼前的血腥场面早已经司空见惯，脑海里回想的只是刚才的各种病变，剩下的尸体就由当地的工作人员处理了。这么大的尸体要怎样处理呢？接下来，问题出现了，工作人员开来一辆小货车，然后把尸体随便往上一扔，拍拍手就要去开车，导师问“师傅，这尸体怎么处理啊？”师傅说只是挖个坑埋了。啊！这可“激怒”了导师，于是，她开始给工作人员“上课”，告诉他们这样处理对环境的危害和潜在病原体的播散……

事件分析

在已知感染人的病原体中，有一半以上是人畜共患的病原，近年来新出现的病原，近 80% 是人畜共患或跨物种感染的病原。从传染病传播的传染源、传播途径、易感动物三个环节考察可发现，病死动物尸体处理不规范是一个重要因素。

动物尸体，尤其是不明原因死亡的动物尸体存在着极大的危险，烈性传染病病原极有可能潜在于这些尸体中，应高度怀疑有人兽共患病原体存在。不予处理或处理不当都会引发扩散、传播。在这一事件中，工作人员未对尸体进行任何物理、化学方法的无害化处理就直接掩埋，有可能对周围环境造成污染，导致易感动物感染、传播，继而造成人的感染。究其原因，是相关工作人员对动物尸体的危害认识不足，缺乏生物安全防护意识和对环境的保护意识，没有建立尸体处理的规章制度，工作人员上岗前应进行相应的培训，培训合格方可从事该工作。

防范措施

（1）首先要建立健全生物尸体处理的规章制度。解剖人员、垃圾处理人员经过培训考核合格后方可上岗。

（2）在进行可能具有潜在致病微生物的尸体解剖过程中，病理医生和技术人员等应该注意进行个人防护，在解剖前必须使用专用的防护性外衣或制服，面部应该有专门的保护装置，包括护目镜、口罩、个体呼吸保护用品等，最重要、最常用也是最基本的个体防护装置是手套，在解剖操作过程中必须戴手套，并且一定要确保手套完好。

（3）尸检要在防渗漏透明安全尸检袋中进行，避免废弃液体等对环境造成污染。对环境和物面的清洁及消毒同样重要，每次操作完成应清洁消毒工作台面和实验室环境，尸体解剖完毕后，必须对解剖间进行彻底的喷洒消毒，尸体袋、解剖台及地面需重点消毒。尸体的血液、体腔积液等液体废弃物需用脱脂棉吸干，禁止直接排入下水道中。尸体剩余部分应尽快进行无害化处理。

（4）因人员操作和处置废弃物不当造成环境、动物、人员感染或环境污染，应该立即对人员进行防护并按紧急预案向主管领导和部门报告。对于污染的实验室等，应该尽快进行消毒，光滑的表面可以选择紫外线消毒器近距离照射，或用液体消毒剂擦拭；多孔材料表面可采用喷雾消毒法进行消毒。而且，每个相关人员平时应该进行安全意识和生物安全培训，防患于未然。

（于　品）

第二节　收垃圾的博士生——实验室环境需要大家维护

背景知识

废弃物的处理是控制实验室生物安全的关键环节。感染性废物是指携带病原微生物具有引发感染性疾病传播危险的实验室废物或医疗废物。例如，生物安全实验室或感染病房与感染性物质直接或间接接触的物品，包括使用过的一次性使用卫生用品、一次性使用医疗用品及一次性医疗器械；废弃的被服。病原体的培养基、标本和菌种、毒种保存液。各种废弃的组织或体液样本。病人或感染动物的排泄物。以上均被视为感染性废物。

要切实安全地处理感染性废弃物，就必须充分掌握生物安全废弃物的分类，并严格执行相应的处理程序，从而保证对实验室感染和周围环境影响的控制。

目前，我国根据《医疗废弃物分类目录》，将医疗废弃物明确分为 5 类，即感染性废弃物、病理性废弃物、损伤性废弃物、药物性废弃物和化学性废弃物。感染性废弃物是指携带病原微生物、具有引发感染性疾病传播危险的废物；病理性废弃物是指诊疗过程中产生的人体废弃物和医学实验动物尸体等；损伤性废弃物是指能够对人体产生伤害的废弃医用锐器；药物性废弃物包括过期、淘汰、变质或被污染的废弃药品、疫苗、血液制品等；化学性废弃物是指具有毒性、腐蚀性、易燃易爆性的废弃化学物品。国家卫生计划生育委员会制定的《病原微生物实验室生物安全管理条例》、《医疗废物管理条例》和《医疗卫生机构医疗废物管理办法》相关规定要求按照生物垃圾分类妥善处理医疗废物，避免造成人员和环境的污染，保护人们的健康和良好的生活环境。

生物安全实验室内的菌毒株、带有菌毒株实验室垃圾（如培养基等）、实验动物饲养中每日的动物排泄物及解剖后的动物尸体（大动物和小动物）等应按照目标微生物等级，依有关规定进行无害化处理以保证工作人员和周边环境的安全（图 5-2）。

图 5-2　实验室废弃物处理要有规可依

安全事件

实验室某博士研究生因课题研究需要，在经过生物安全知识的培训并考核合格后，准许进入 ABSL-3 实验室进行实验活动。进入实验室近 4 周的时间里，除了进行日常工作外，他每天的一项重要工作就是在实验结束后清洁实验室和处理垃圾。虽然也接受过垃圾处理的培训，这位博士仍然觉得不管实验产生多少垃圾，每次都要清理是浪费时间。终于在每周的例会上，博士生提出了自己的疑问："一个博士生，把时间都浪费在收垃圾上，值得吗？"

事件分析

生物安全实验室的废弃物处置是有严格规定的，一般是按照病原微生物的生物学特性、病原生物安全等级，根据危害程度，进行风险评估，采取相应消毒灭菌处理的。该博士生缺乏基本的生物安全意识，管理人员也失察，导致不合格人员进入生物安全实验室。

这位博士研究生后来通过对的生物安全三级实验室 SOP 的不断学习并各位老师的引导下，对这个问题有了正确的认识。三年后，当这位博士顺利毕业并取得博士毕业时，感慨地说："我那段时间的垃圾没有白收啊……"

防范措施

实验室废弃物，是造成环境污染主要来源之一。应重点注意：

（1）实验室首先要对所从事的病原微生物进行充分的风险评估，在此基础上结合实验室实际情况选择正确的消毒灭菌方法进行分类处理，并有相应的实验室管理制度监督执行。

（2）实验室人员进入实验室前必须经过培训，包括心理培训，在培训合格后进入实验室开展实验活动，并在实际操作中不断优化、改进。

（3）使用实验动物和进行动物实验中产生的各种废弃物可按《医疗废物分类目录》进行相应分类，并严格按照《医疗废物管理条例》的规定进行处理。

（4）废弃物应分置于动物废弃物专用包装物或容器内。感染性废弃物、病理性废弃物、损伤性废弃物、药物性废弃物及化学性废弃物不能混合收集。废弃物经无害化处理后包装、密封存放于暂时储存设施，不得露天存放。废弃物储存场所要远离人员活动区和生活垃圾存放场所。并建立相应的存储和处理记录，交由专业公司进行后续处置。处理程序参见图 5-3。

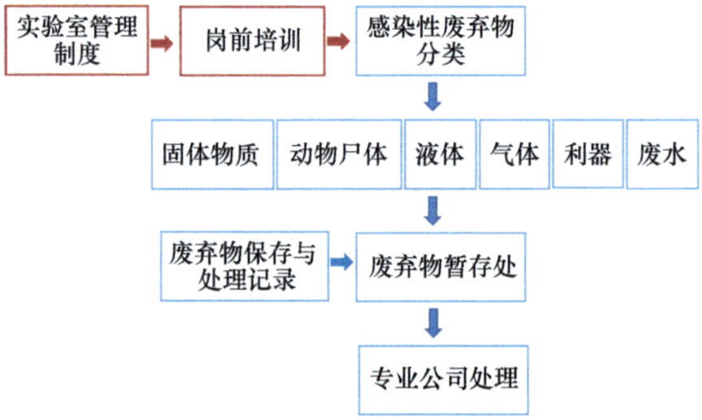

图 5-3 感染性废弃物处理流程图

（乔宏伟）

第三节 一根小小的注射器——利器盒的使用

背景知识

根据《医疗废物管理条例》，卫生部和国家环境保护总局制定了《医疗废物分类目录》，要求能够刺伤或者割伤人体的废弃的医用锐器应分类放置于锐器容纳容器内，灭菌处理，避免造成人员伤害和环境污染。

微生物实验室中产生的危害性生物废弃物，是指微生物实验过程中产生的具有较强生物污染特征和较严重的潜在危险的废弃物。包括这里重点介绍损伤性废物，即指能够刺伤或割伤人体的废弃的医用锐器，包括医用针头、各类医学锐器（如手术刀片、载玻片和玻璃试管等）等（图 5-4）。这些损伤性废物如处理不当，很容易通过刺伤实验人员，造成直接接种感染，风险极大，因此有特别方法处置。

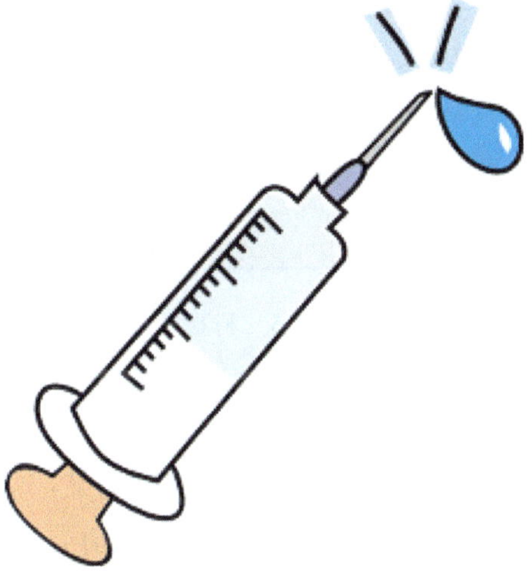

图 5-4　注射器是常见的危险品

这些实验操作过程中所有可能与生物危险物接触或被污染的试验器械和物品，如剪刀、镊子、研磨器等可重复使用的实验用品及器材，用完后应分类放置于容器内，根据目标病原体种类进行相应灭菌措施。并建立使用和灭菌记录确保实验器材彻底消毒。

安全事件

小明应用注射器吸取注射瓶中液体，生物安全柜内的利器盒因为没有及时处理已经满满的了。虽然接受过如何处理利器的培训，但小明想：我把针头帽盖紧一点儿，放到垃圾袋里应该没事。实验结束了，在给垃圾袋封口准备拿出生物安全柜高压时，注射器针帽脱落刺伤了小明的手指。小明眼看着血从手指渗出来，在手套下面慢慢扩散……小明抽取的是医用生理盐水没有感染性。但从此小明再也不会偷懒和存在侥幸心理，每次都按照标准操作规程分门别类处理生物安全柜内的垃圾（图 5-5）。

图 5-5 利器盒

事件分析

小明操作错误在于没有及时处理已满的利器盒，加上存在侥幸心理导致了“流血”事件的发生。对生物垃圾的处理要分门别类，有针对性。用过的刀片、针头等锐器要放在有生物安全标志的利器盒内，且利器盒内的垃圾不能超过总容量的 3/4。

防范措施

规范利器盒的使用，建立相关规章制度并规范化，对相关工作人员进行严格培训。利器盒使用注意事项：

（1）使用前要检查利器盒是否完好无损。每只最多只能装至容量的 3/4，不得过多纳入。

（2）遵照预防准则，不要套回针帽。不要弯曲、毁损或用手直接处置使用后的针头。必要时，不要分离针头和针筒，应将整副针具弃置。

（3）利器盒的外表面不得沾有任何医疗废物，被污染时，应对被污染处进行消毒处理，必要时加一层包装。

（4）转运中严禁扔、摔等动作，以避免造成包装破损和医疗废物的泄漏。按照生物安全等级对利器盒进行无害化处理。

皮肤损伤或刺伤后的处理办法：皮肤损伤可能是注射器刺伤、刀片划伤。一旦发生应做到以下事项：先对手套表面用酒精消毒，脱去外层手套，用生理盐水冲洗，如果可能尽量从近端向远端挤出损伤处的血液，禁止进行伤口的局部挤压。打开急救箱，使用 75% 酒精或碘伏消毒。如果伤势情况严重立即离开实验室，由保健医生或到定点医院进行医疗处理。

（董　娜）

第四节　门里门外——生物安全实验室紧急事件处理

背景知识

生物安全实验室是指通过防护屏障和管理措施，能够避免或控制被操作的有害生物因子危害，达到生物安全要求的生物实验室和动物实验室。生物安全动物实验室主要通过设施、设备、人员装备的有效结合实现对操作人员、环境和实验动物的保护。实验室的设施结构和通风设计构成二级物理防护。二级物理防护的能力取决于实验室分区和室内气压，要根据实验室的安全要求进行设计。防护设备包括各级生物安全柜和个人防护装备。个人防护装备包括口罩、面罩、护目镜、各类防护衣、帽、裤、鞋、靴、袜、手套等。而良好的专业训练和技术能力对保证实验室生物安全具有重要的作用。研究人员一定要严格按照操作规程进行工作，避免侥幸心理和麻痹大意导致的生物安全事故的发生。对于可能造成生物危害的传染性生物样品溢出、潜在危害性气溶胶的释出，以及停电、水灾、火灾、地震等突发情况，要在充分风险评估的基础上制定相应的应急预案，以有效预防、及时控制和消除生物安全事故的危害（图 5-6）。根据中华人民共和国国务院令第 424 号《病原微生物实验室生物安全管理条例》、卫生部《医疗机构临床实验室管理办法》的规定，生物安全实验室应对突发性事件可能造成的对环境和人员的不良后果制订应急预案并组织实验室人员定期进行演练，以确保在突发事件时实验室损害降到最低，保障实验人员安全。

图 5-6 防护服是第一道安全防线

安全事件

生物安全三级实验室中，实验正在紧张有序地进行。突然，灯灭了，声光报警器的灯光伴着警笛声闪烁，应急灯显得有些刺眼。停电了！ 3 名工作人员立刻停止手头的工作静静地呆在原地等待另一路供电启动。1 分钟过去了，灯仍然没有亮起，他们意识到双路供电都出了问题。此时，没有人慌张，3 个人按照演练过的应急预案行动起来：离电话最近的打电话向实验室主任报告。正在生物安全柜内操作的 2 个人迅速脱去外层手套，放进盛有消毒液的垃圾袋内，酒精喷洒手部消毒，拉下生物安全柜的门，按照演练过的预案撤离。

事件分析

面对突发事件，实验人员严格按照撤离预案进行，未造成不良后果。凡事预则立，不预则废。预案编制工作是应急管理工作的前提和基础。通过充分的风险评估，制定切实可行的预案。但仅有预案是不够的，突发事件发生后每个人干什么，怎么干都需要进行全面的培训，让所有人都能掌握。制订应急预案的过程是一个培训的过程，是一个提高所有人员应急意识、应急知识和应急能力的过程。应急预案的演练是最好的培训方式之一。演练工作要精心组织，注重实效，不走过场。应急演练要按照预案全过程进行，每一个环节都不能省略。上面的案例就是一个很好的例子，正是因为对预案进行了全面演练，才能在突发事件发生时做到“来之能战，战之能胜”。

防范措施

所有的程序文件与标准操作程序的设置应保证其安全性，对意外事故要能提供包括紧急处理和暴露后药物的预防的措施，足以应对紧急情况。应该注意：

（1）实验室必须制定紧急撤离程序等，有正式的所有意外事故的处理、登记系统，并通过有关方面的研究论证。参见应急预案处置流程图（图 5-7）。

（2）要进行定期演练，让实验人员熟悉流程。

（3）如果发生停电，通常会自动启用备用电源。否则，应立即停止实验，按紧急预案规程离开实验室。离开实验室时应关好实验室门。立即将情况报告给安全负责人。电力恢复后，至少等 30 分钟才能再次进入实验室工作。对停电是否造成感染性物质泄漏要进行评估。

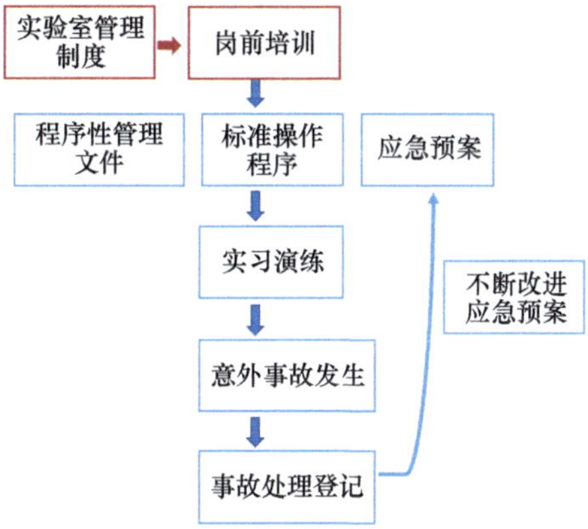

图 5-7　应急预案流程图

（朱　华）

动物福利篇

第 6 章

来自动物福利不当的风险

第一节　实验动物应享受的“福利”

背景知识

动物福利是动物实验中的热点问题，它不仅关乎科学实验的可靠性和正确性，也是人文道德和社会文明的重要体现，甚至会引发敏感的社会政治问题。在科学实验方面，实验动物福利的核心是保障动物的健康和快乐状态，这是保证研究结果可靠和真实性的前提；在人文道德方面，“动物权”受到公众越来越多的关注，国际上众多的动物福利组织，不断推动着“动物权”的进步和法制化。

动物福利法起源于英国。在 1800 年，英国下议院最早提出反对虐待动物法案时，甚至一度被认为是十分荒唐的法案。但随着社会的进步和公知的推动，1822 年世界上第一部与动物福利有关的法律在爱尔兰通过。之后随着世界各地民间保护运动的兴起，西方各国相继制定了相关动物保护的法律法规，在 1876 年和 1877 年英国和美国就先后颁发了《防止虐待法》和《动物福利法》等，但当时还主要是从动物权利保护而非动物实验的角度出发。

随着科学技术的发展，实验动物使用数量剧增、实验动物因素对科学结果的影响的不断发现，西方各国开始制定实验动物福利相关的法律。英国于 1986 年通过了《科学实验动物法》。美国 1966 年颁布了《动物福利法》和《实验动物福利法》，1985 年美国国会还通过了《提高实验动物福利标准法》修订案。新法规增加了大量针对动物实验和实验动物管理中关于动物福利方面的内容。此外德国、荷兰、加拿大也在相继制定的动物保护法或在动物实验条例中加入这方面内容。在亚洲，日本、韩国、中国台湾等也先后制定了动物福利法和实验动物管理条例。

2015 年，发表在 *Nature* 杂志上的一篇论文，因为小鼠的肿瘤体积过大而影响了动物福利，导致论文被撤稿一事，掀开了科学研究中容易忽视实验动物福利伦理问题的冰山一角。

事实上，在国内，动物福利的法制化进程还十分缓慢。清华大学的浓硫酸泼熊事件、北大虐猫事件、西安某医学院弃犬事件，但依现行动物保护法规定，虐待动物的行为并不违法，暴露出法律的缺位和无奈。但是，国内社会频繁出现的虐待动物的现象，已经引起了公众的不满，也受到了道德和舆论的谴责。在今天世界上很多国家都已经制定了明确的动物福利法来切实保障动物免受不必要的伤害的情况下，我国也需要加深动物福利立法方面研究，来完善我国动物福利立法。

在动物实验中，动物福利是保障实验结果真实性的基础条件。一般实验人员注重动物实验本身，不太关注或不够专业懂得动物福利、伦理和生物安全要求。因此，国际上提倡成立动物实验福利与伦理委员会，负责审查动物实验方案，对每个环节把关。

动物实验福利与伦理审查的基本原则是兼顾动物福利和人员利益，在综合评估动物所受的伤害和使用动物的必要性基础上进行科学审查。目前，国际上较为公认的动物福利有五项基本权利或称五大自由：①生理福利方面，享有不受饥渴的权利。②环境福利方面，享有生活舒适的权利。③卫生福利方面，享有不受痛苦伤害和疾病的权利。④行为福利方面，应保证动物有表达天性的权利。⑤心理福利方面，享有生活无恐惧和悲伤感的权利。

安全事件

研究生小志要做药物安全性评价实验，大鼠的数量比较多，但实验室笼位不十分充足，全部满足要求，得等别的实验结束后，腾出笼位。小志灵机一动，何不将更多的大鼠放在一起，这样 10 个笼盒就够了。两天后，大鼠身上发现很多外伤，甚至尾巴末端坏死。

事件分析

《北京市实验动物管理条例》第七条要求从事实验动物工作的单位和个

人，应当维护动物福利。第九条：从事实验动物工作的单位，应当配备科技人员，由实验动物管理机构负责实验动物工作中涉及实验动物项目的管理，并对动物实验进行福利、伦理审查。

动物实验单位应设立生物安全委员会和实验动物使用管理委员会，负责咨询、指导、评估、监督实验室的动物生物安全活动相关事宜以及动物实验活动安全管理。

小志将过多的大鼠放入一个笼盒内，严重影响了大鼠的正常生理需求，甚至造成打斗现象，违反了福利要求。动物福利措施不到位，同样会影响实验结果。

防范措施

动物实验不得违反福利、伦理要求，须遵循 3R 原则，应该注意以下方面：

（1）人员培训情况。动物实验人员必须经过福利、伦理知识培训，包括动物操作、麻醉方法、手术方法、给药方法、取材方法、解剖方法等方面的伦理要求。

（2）实验动物医师监护。动物实验中必须配备兽医人员。兽医的基本职责之一就是代表动物利益，维护动物权利。认为对动物伤害过大时，可建议、劝告、终止实验。兽医同时会识别可能的生物危害。

（3）减少动物疼痛。应判断实验造成动物疼痛的等级。应考虑使用一切手段以减少动物在实验过程中所产生的疼痛，合理使用必要的麻醉剂、镇痛剂或镇静剂。疼痛可使动物不安、活动加大、相互撕咬、攻击性强，从而带来一定的安全隐患。

（4）减少对动物侵扰。尽量不过多干扰动物，减少对动物的刺激，避免应激反应。正确而熟练地抓取动物、固定动物，使动物不会剧烈反抗。鼓励人性化动物保定技术，必要时对动物进行训练调教，既能使实验结果更加可靠，也能降低许多风险。

（5）给动物提供舒适的环境。动物福利提倡为动物提供必要的玩具，特别是犬、猴。有条件时可以给动物增加音乐和色彩环境，对于中大型实验动物实验会产生较好效果（图 6-1）。尽量保证恒温、恒湿、通风换气，使噪声、光照度等的合理，同时，设置必要的活动场地。但这些要求增加了生物污染的范围，应该注意对玩具等的消毒灭菌。高等级病原动物实验时，应以生物安全为第一要素，可减少或不提供玩具等。

图 6-1　常见的动物福利丰富化玩具

（6）对动物进行安乐死。对实验结束后的动物要施行安乐死，注意不能在其他动物可视范围内进行动物解剖、处死等操作。如果引起其他动物恐惧，同样会增加动物带来的各种生物安全风险。

（秦　川　魏　强）

第二节　北京奥林匹克森林公园的“白色恐怖”

背景知识

我国实验动物法治化管理以 1988 年国家科委颁布的《实验动物管理条例》为标志，陆续颁布了《实验动物质量管理办法》、《实验动物许可证管理办法》以及各省市相关法规、政策等，这些法规、政策的颁布实施，确定了管理主体和管理体系，明确了管理措施和管理办法，使我国实验动物质量监管体系有了根本性的改变。

我国在实验动物福利方面，也取得一定成绩，注重实验动物的减少、替代和优化的 3R 原则，强化了实验动物和动物实验各个环节中涉及的实验动物福利和伦理，要求单位成立了实验动物管理、使用委员会，对实验动物的使用进行福利、伦理的审查和保护。比如，不得虐待动物、抛弃动物。小鼠和大鼠是最常见的实验动物，若不按规程操作，它们可能会带来生物安全事故，值得大家注意。

鼠类作为实验动物，对其有严格的微生物、寄生虫控制，并有等级要求，排除了人兽共患病、动物烈性传染病等病原。但目前已知自然存在的鼠类传播人类的疾病有 57 种之多，其中病毒性疾病有 31 种、细菌性疾病 14 种、立克次体病 5 种、寄生虫病 7 种。其中，主要的病原有：鼠疫、肾综合征出血热、炭疽、恙虫病、发热伴血小板减少综合征、埃立克体、Q 热、森林脑炎、鼠传立克次体病、土拉热等。

一般而言，作为实验动物的大鼠，通常会得到严格的微生物控制，比自然环境的鼠类干净，一般不会携带病原体。至于开展烈性病原实验的大鼠，国家有非常严格管理，会控制在特殊实验室中，任何物品或动物都插翅难逃。因此，从实验室遗弃的动物，自身一般不携带致病的病原体。

但是，被遗弃的动物，依然有很大的生物安全风险。首先，实验动物由于长期被人类饲养，失去了野外生存能力，离开实验室到自然环境中生存能力差，实验动物一旦脱离实验室饲养、演示、玩耍、甚至“善意放生”，则很易死亡。其次，实验动物离开实验室后，很容易滋生病原，污染环境和人类，成为疫情的温床。再次，实验动物在极端条件下存在物种污染、环境生态污染的可能，看到非自然的形形色色动物，也会造成大家心里恐慌。

安全事件

2015 年 10 月 19 日深夜，媒体报道有网友发微博称“在北京奥林匹克森林公园西路附近发现大量白老鼠，最大的有烤红薯那么大”，网友惊呼“太可怕”、“会不会有病菌”、“担心有鼠疫”，引起了社会的关注。疾控部门随即进行了处置和实验室检测，并发布消息，发现的动物为 SD 大鼠，该品种大鼠是常用的实验动物之一。

疾控部门专业人员对发现的大鼠进行了检测，大鼠与鼠传疾病病原微生物检测结果为阴性，进行体表检查，也未检出蚤、螨等体表寄生虫，基本排除目前携带或感染主要病原体的可能，同时未发现放射性污染情况，可以一定程度上排除风险。北京相关部门发布：此事件可初步排除生物和放射恐怖事件或人为传播烈性传染病的可能。

事件分析

该事件的发生，体现了部分科研机构存在严重的实验动物管理漏洞。首先，科研人员的实验动物专业知识不足，没有意识到实验动物与野生动物的区别，忽视了实验动物一旦放生，可能会成为病原滋生的温床、瘟疫之源、危害社会。其次，单位的实验动物管理不严格，没有建立严格的实验动物出入登记、尸体处理等监管措施。再次，对实验动物的福利伦理重视程度不够，没有考虑实验动物的野外生存能力和感染风险。

奥森大鼠事件没有对我们造成巨大的危害，这要归功于群众及时发现和报告，以及疾控部门的快速、妥善处理。如前所述，实验大鼠如果在野外生存较长时间，极易感染并传播疾病，成为瘟疫之源，造成的危害则难以估量。

奥森公园附近出现大鼠的事件是不应该发生的，此次事件推测可能是“群众”放生动物而导致，幸而没引发灾难性后果（图 6-2）。

图 6-2　专业人员捕捉在奥森公园被放生的实验大鼠（财经网）

防范措施

北京市疾控中心建议从事实验动物相关工作的单位和个人，应当做到以下几点：

（1）按照相关要求对实验动物尸体和废弃物进行无害化处理；豢养宠物的个人不要随意遗弃宠物。

（2）科研工作者深知实验动物走出实验室对于社会的危害，因此有严格的管理措施以防止实验动物的逃逸，但仍应以此为戒，加强监管，以防出现类似事故。

（3）如果发现了类似的情况，首先不必惊慌，在确保自身和他人安全的情况下，及时向卫生防疫等相关部门反映，由专业人员进行处置。千万不可自行抓取，甚至带回家中当做宠物饲养，以免造成健康和安全危害。

（4）对于广大公众来说，实验动物不是一种自然界的动物，有些人可能觉得这些动物很可爱，想把他们作为宠物饲养，但是由于存在很大风险，实验动物并不适合当作宠物。宠物的经营者和饲养者，也应对此有充分的认识，避免饲养和贩卖实验动物，并且不要将饲养的各种动物随意放生，以免对社会和公众造成危害。

（5）同时，我们对于家中的宠物也应倍加看护，除了注意它们的安全，更要意识到它们也有可能携带人兽共患的病原体，因此需要定期进行体格检查，这样我们人类的健康也会更有保障。

（秦　川　魏　强）

第三节　向实验动物致敬

背景知识

为了人类健康事业，实验动物作为替难者，代替人类进行医学实验，承受药物毒性、手术、患上疾病、感染烈性病原体，甚至辐射、物理刺激等痛苦，是人类健康的功臣。实验动物经过近交、杂交、回交等不同遗传方式，彻底从自然物种被改变成了以白色为代表的实验动物，这种脱胎换骨的过程，是“奇耻大辱、百般受难”的过程。认识到这些，人类应该知恩图报。随着人类社会文明进步，对待实验动物的态度、理念也越来越“人文化”，达成了“3R+1原则”，即减少（Reduction）动物使用，不做无意义的动物实验；用替代（Replacement）动物的材料、方法实现动物实验目的；提倡优化（Refinement）动物实验相关方案，确保动物实验“物有所值”；而伴随动物实验全过程的是要有责任心（Responsibility）。

1988 年经国务院批准，国家科委颁布的《实验动物管理条例》中的第二十九条规定“从事实验动物工作的人员对实验动物必须爱护，不得戏弄和虐待”。2006 年 11 月 7 日发布的《国家科技计划实施中科研不端行为处理办法（试行）》（科技部令第 11 号）第三条规定：违反实验动物保护规定，属于科研不端行为，是违反科学共同体公认的科研行为准则的行为。科技部《关于善待实验动物的指导性意见》和全国各地都有相应指南对如何善待实验动物做出了详细的规定和要，确保实验动物得到应有的关护和尊重。作为实验动物的生产和使用大国，目前我国实行实验动物的行政许可制度。国家对实验动物的来源、健康质量、饲养及实验环境条件、实验操作规范、实验人员资质、动物实验的福利伦理审查、动物的处理和安乐死都有严格的规定。

2012 年，中国科协和国家民政部批准成立了“中国实验动物学会实验动物福利伦理专业委员会”，其宗旨是全面推动中国实验动物福利伦理事业的健康快速发展。该委员会的成立，标志着我国实验动物福利伦理工作进入规范化管理的新阶段，极大地提高了我国在本领域的学术地位和国际影响力，对加强相关领域的科研和管理以及对外学术交流工作，保障我国实验动物科技事业健康和可持续的发展，推动我国实验动物行业福利理论水平的提升具有重要的现实意义，而且为形成实验人员“不愿伤害动物、不能伤害动物、不敢伤害动物”的文明氛围起到良好作用。我们应该向实验动物致敬，而不是伤害它们。

安全事件

2015 年 11 月底，西安某医学院被曝虐待实验用犬的恶性事件。据网友提供的多段视频显示，数十只术后的实验用犬被露天放置在楼顶，周围还散落一些医用垃圾和动物尸体，部分狗身上有伤口裸露，有的伤口在淌血，有的疼得一直在抽搐。目击者称，“该现象持续有一段时间了，最近一个星期内被关在天台上实验狗数量和轮替效率有明显增加，它们叫声凄惨，实在是听不下去了”（图 6-3）。

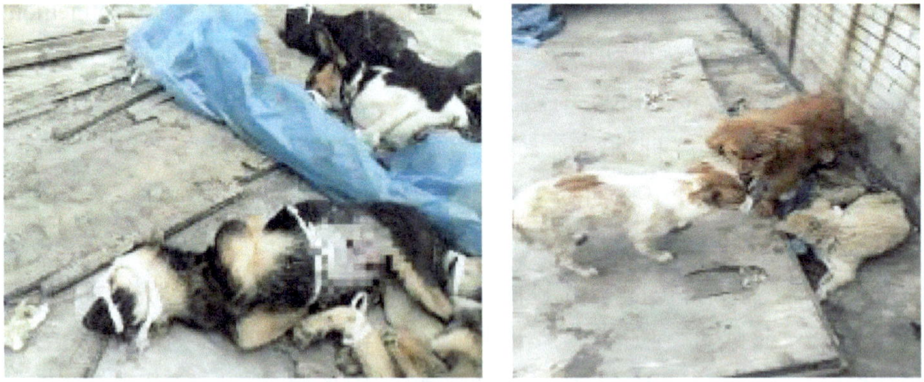

图 6-3　实验用犬被随意丢弃（西部网图片）

事件分析

任何虐待、伤害实验动物的行为都是错误的。这种大规模虐待实验动物的行为，是一起严重的虐待实验动物的违法、违规事件。该事件中涉事的动物实验人员不仅法律意识淡薄，连基本的责任心和同情心都丧失殆尽，缺乏职业道德操守，也缺乏普世价值观，尤其发生在高等医学院校，不禁让人痛心疾首，非常不理解。

医学院就此事通过其官微回应称："校方经了解情况后，发现在按规定程序做完动物实验后对动物尸体处理中有不合适行为，要求相关人员立即妥善处理，并已要求临床医学院暂停动物实验，改善动物实验条件"。

防范措施

我国的实验动物福利、伦理工作发展水平极不平衡，各类伤害、虐待实验动物的恶性事件时有发生，鉴于此，应该注意：

（1）从业人员应该全面深刻的反思其违法违规的行为，充分吸取教训，提高意识，加强修养，应该熟知国家有关的法规、规定。

（2）应加强对实验人员的资质管理，专业掌握实验动物的手术要求和术后护理、实验动物的安乐死要求、实验动物尸体的处理能力。

（3）实验动物相应机构应以此为鉴，对全体从业人员包括相关的科研、技术、管理，以及学生等进行严格的法规、技术、福利、伦理培训。

（秦　川　魏　强）

第四节　动物麻醉安全

背景知识

1959 年英国的动物学家 W.M.S.Russell 和微生物学家 R.L.Burch 出版了《人道主义实验技术原理》一书，在书中他们最早系统地提出了以实验动物的减少（Reduction）、替代（Replacement）与优化（Refinement）作为目标的动物实验替代方法理论，即"3R"理论。"3R"理论中明确指出，实验过程中应给予动物镇静、麻醉剂，以减轻和消除动物的痛苦。麻醉（Anesthesia）是用药物或其他方法使动物整体或局部暂时失去感觉，以达到无痛的目的进行手术治疗。其目的是消除实验过程中动物的疼痛和紧张感觉，使动物保持安静，保障实验动物的安全，使动物在实验中服从操作，确保实验顺利进行。

不同麻醉剂有不同的药理作用和不良反应，动物实验操作中应根据实验要求和动物种类加以选择，使用合适的麻醉剂。不同麻醉药的适用物种、使用剂量、给药方式差异较大，实验中应以安全性和有效性作为选择麻醉药的中心原则，尽量选择安全范围大且麻醉效果好的药物。不同实验动物对同一麻醉药物、同一实验动物对不同麻醉药物、不同生理状态下的动物（如怀孕、疾病）对同一麻醉药物的敏感性均存在差异，此外，所进行的动物实验目的不同，如需要较长时间操作等，选择的麻醉剂也不同。

麻醉深度的控制是顺利完成动物实验、获得正确实验结果的保证，如果麻醉过深，动物处于深度抑制甚至濒死状态，动物各种正常反应受到抑制，得到的实验结果是不可靠的。而麻醉过浅，在动物身上进行手术和实验操作，会引起剧烈的疼痛刺激，使动物全身，特别是呼吸循环、消化等功能发生改变，会使实验结果前后不一致，造成难以分析的误差（图 6-4）。

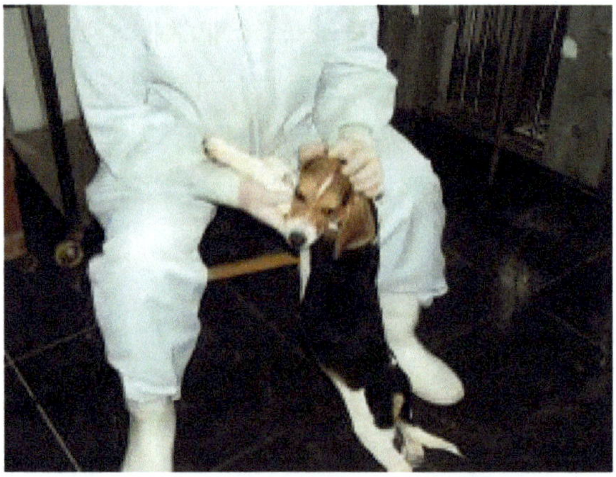

图 6-4　温柔的比格犬

安全事件（一）

在一次模拟外科实验课上，老师要求同学切除犬的一段大约 5cm 的肠道，并把断端进行缝合，主要想培养同学们实际动手操作的能力及在手术中对应急情况反应的能力。大大咧咧的小明同学翻出以前麻醉实验兔的方案，肉眼估了估实验犬的体重，心想，大约就是兔子的三倍吧，差不离了！随后就按照自己预估的体重计算麻醉剂使用量，给实验犬注射后，动物慢慢萎靡下来了，小明将其固定并准备开始进行手术操作了。在切开动物的腹部皮肤时，实验犬竟然突然剧烈扭动躯体，努力想挣脱固定装置，发出嗷嗷叫声，露出锋利的牙齿想四处乱咬，切口处血液渗出量也比以往多很多，导致手术视野不清晰，实验完全没法继续了。整个实验楼里还回响着实验犬的惨叫声，让小明羞愧不已。

安全事件（二）

艾滋病猴得病已经半年了，研究需要隔三差五取样分析，为了安全起见，要求麻醉动物后进行。小明有一次按常规剂量使用了麻醉剂，没想到，在取淋巴结时，实验猴明显感到了疼痛，竟然坐了起来，下了小明一大跳。他也意识到，氯胺酮麻药产生了耐受性，常规剂量已经不够了。

事件分析

本次事件中小明的错误操作在于，实验前没有充分准备，不了解动物实验中麻醉剂的选择也有大学问，而是想当然的千篇一律使用同一麻醉剂，麻醉剂的用量也非常关键，粗略估测导致麻醉剂量过大会导致实验动物死亡，麻醉剂量不够又会给动物带来痛苦，严重影响实验的顺利完成，甚至可能会给实验操作者带来不必要的伤害。

同时，缺乏实验动物医师监督。良好的动物实验，特别在使用麻醉药时，一定要有实验动物医师或兽医的临床指导，无资质人员，不可独立进行动物实验。长期动物实验，一定要注意麻醉药物的选择和使用，避免产生依赖性、抗药性等问题。

防范措施

（1）应规范对实验动物相关操作人员的实验前培训，要求实验动物使用者熟练掌握常用麻醉方法，在对动物进行手术操作前，应根据动物的品种、年龄、体重，以及自己的实验需求选择最合适的麻醉剂，以安全性和有效性作为选择麻醉药的中心原则，尽量选择安全范围大且麻醉效果好的药物。

（2）在计算麻醉剂使用剂量时，需要精确称量动物的体重，参照换算标准进行计算，并随时检查动物的反应情况，尤其是采用静脉注射麻醉时。

（3）一定要有实验动物医师或兽医的临床指导，避免无资质人员独立进行动物实验。

（刘　羽）

第五节 “溺爱”动物不可取

背景知识

目前实验动物有关饲料营养的国家标准有12项，其中2项为强制性，分别为:《实验动物 配合饲料通用质量标准》和《实验动物 配合饲料卫生标准》。这两个强制性标准构成了实验动物饲料标准的核心和基础，是对各类试验动物饲料应达到标准所做出的基本规定和通用要求。在《实验动物 配合饲料通用质量标准》中，将配合饲料分别按维持饲料和生长、繁殖饲料规定了营养成分含量，对饲料原料、检测规则、包装、标签、储存、运输等各项环节做出了明确的规定。在《实验动物 配合饲料卫生标准》中，对实验动物配合饲料的卫生要求规定了具体的内容，包括：重金属（铅、镉、汞、砷）、环境中持续污染物（六六六、滴滴涕、黄曲霉毒素）以及微生物污染程度的传统知识性指标，如菌落总数、大肠菌群、致病菌（沙门菌和霉菌等），同时，对实验动物配合饲料中各种污染物和微生物的检验方法做了必要的具体规定。

每种实验动物都有其与生俱来的生物学特性，在饮食方面也不例外。一般来讲，实验动物的食物都是有其固定营养配方，有生长维持饲料、繁殖饲料和特殊饲料，基本是全价饲料，包含充足的碳水化合物、蛋白质和脂肪营养成分和所需维生素、矿物质。如啮齿类动物的硬化饲料，既能满足营养需求，也符合其磨牙的生理或生物特性需要；豚鼠和猴自身不能合成充足的维生素C，一定要适当补充富含维生素类的蔬菜或水果。

实验人员要根据实验动物种类，为其提供良好的食物和营养物质，不可自行、随意或想当然添加、改变食物种类。比如，有的实验人员做完小鼠实验后，觉得小鼠虚弱，将硬化颗粒饲料用水泡软后饲喂动物，或将自己喜爱的食物“奖励”给动物，提供过多的食物，都会破坏动物营养需求，削弱满足生理需要，甚至带来实验环境的清理困难，造成各种污染。

安全事件

小志特别喜欢动物，特别对灵长类动物喜爱有加。培训合格后，进入动物生物安全三级实验室（ABSL-3）进行高致病性禽流感病毒H7N9感染恒河猴实验。尽管“培训合格”，但在实验期间，看到猴得病，还是怜悯之心胜过理智。忽视实验室制度、规定要求，一天三次将饲料盒填的满满的，甚至将他爱吃的排骨、红烧肉偷偷带给病猴“享用”。结果每天实验室地面撒的到处是废弃的食物，狼藉一片。实验猴也消化不了油腻食物，导致腹泻，加重病情，扰乱了客观实验。

事件分析

实验动物所用饲料都是标准化的饲料，并根据实验动物特点和需求饲喂。小志想当然地把恒河猴当成了人，一天三次过量饲喂，并私自添加其他食物。更严重的是，小志忘记了是在 ABSL-3 实验室进行高致病性病原实验，过多食物，增加了污染可能。由于灵长类非常活跃，喜欢抓扔剩余食物，动物接触、食咬过的食物残渣带有病原，会随着食物的到处丢弃，尤其是地面，污染环境，造成安全隐患。

防范措施

实验动物都应得到来自实验人员的、符合其生物特性的适当关护。一个合格的实验人员，应该即懂得动物需求，也懂得实验室安全要求。两者完美结合，才能得到安全、科学的实验结果。从小志的错误做法，我们应该注意：

（1）每位实验人员都应自觉遵守实验室制度、规范，不可接受了专业培训，又因各种理由包括情感战胜理智，明知故犯，造成安全隐患。

（2）不可过分溺爱动物，把动物当做人来对待。看上去很“人道”，实际上适得其反，一定要了解动物特性，特别是动物的天然食性，才能做到真正意义上的“喜爱动物”。

（3）从事高致病病原动物实验的人员，必须具备良好的心理素质，牢固树立安全第一的意识，不能人为带来任何实验室污染隐患。

（秦　川　魏　强）

人 员 篇

第 7 章

来自实验动物的可能风险

第一节　充分认识、管理好自己的实验动物

背景知识

众所周知，模式动物在研究基本生命现象中是不可或缺的，其中小鼠是基础医学研究中最重要的模式动物，不仅具有较完整的哺乳动物生物学特性，而且可以用化学、物理和生物学方法制备与人类疾病相似的各种疾病模型。

由于动物实验在生物学发展中起着重要的作用，各种类型的动物模型也应运而生。以目前研究和应用比较热门的转基因动物为例，各种类型的转基因小鼠活跃在我们的实验室里，献身于我们的科研工作。可是要在实验过程中使用好它们，并不是件容易的事。首先，不同的转基因小鼠其基因型不同，用于实验的目的也不同，但是它们的表型（毛色、形状及大小等）却可能比较相似（图 7-1）；其次，不同的转基因小鼠可能需要不同的饲养方法。经国务院批准，国家科委颁布的《实验动物管理条例》中的第二章第十一条规定“实验动物必须按照不同来源，不同品种、品系和不同的实验目的，分开饲养。”因此，不同品种、不同饲养等级和互有干扰的实验动物，要标示明确，充分隔离。同一来源，相同品种、品系但用于不同实验目的的实验动物不要在同一个实验间进行实验。所以为了动物实验的顺利完成，必须对实验对象的特征有全面的掌握，做好完善的归类，科学饲养，让我们的“小战士”们的价值得到最大化，也让我们自己的努力有回报。

图 7-1　转基因小鼠

安全事件

动物实验对象，你“hold”住了吗？硕士新生小明在实验室师兄姐的传帮带指导下，首次独立进行实验，今天的任务是对刚构建好的转基因小鼠进行剖检工作，检测转基因的在小鼠体内的组织分布。两笼小鼠中有一笼是转入了绿色荧光蛋白（GFP）的 C57BL/6 转基因小鼠，另一笼是野生型 C57BL/6 小鼠对照。尽管小明平时观摩师兄姐实验时，感觉有条不紊的操作并不是什么难事，但到了真正自己独立实验，竟手忙脚乱起来。慌乱间，小明的胳膊一不小心把两盒鼠笼都碰倒在地，两盒小鼠都有几只趁机跑了出来。小明赶紧抓回了开溜的小鼠，可是，野生型和转基因的小鼠，体型体重相当，都是黑色被毛，该怎么区分呢？而且，小明事先没有在鼠笼上标记每笼的具体只数。万幸的是，转基因小鼠转入的是绿色荧光蛋白 GFP，只要捋起它的毛，会发现它浑身都是绿色的（图 7-2）。小鼠终于被分门别类的规整好，但小明还是很后怕，若是从外形上无法辨别不同组别的小鼠，实验动物就得重新进行各种分子生物学鉴定，甚至全部废弃重新购买，违反了实验伦理，还耽误了预设的实验进程。

事件分析

本次事件中小明的错误操作主要包括两点：一是没有在鼠笼上明确标注动物品系、数量、特性等信息，二是进行动物操作时没有将实验物品按规律摆放整齐，保持实验台有充足的空间进行操作。违反了《实验动物管理条例》中的第二章第十一条规定“实验动物必须按照不同来源，不同品种、品系和

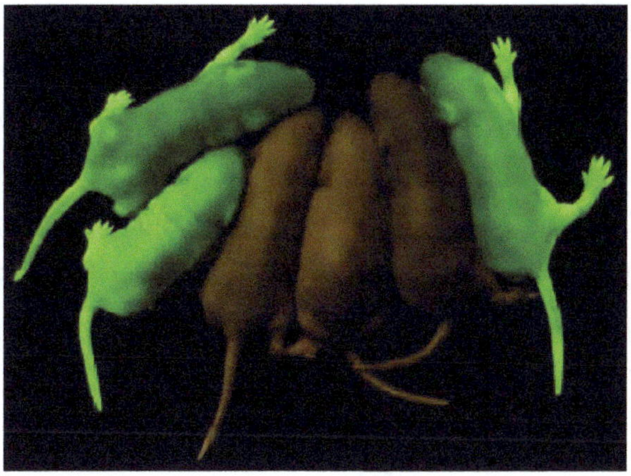

图 7-2　转绿色荧光蛋白 GFP 的小鼠

不同的实验目的，分开饲养。”的基本要求。小明也未受到完全的专业培训，导致不该发生的事件发生了。

防范措施

（1）加强对实验动物操作人员的实验前培训，要求实验动物使用者熟练掌握动物实验的一般程序和标准化操作规程，获得《实验动物从业人员考核合格证》后方可进行动物实验操作。

（2）在进行不同品种、品系的动物实验，或相同品系、品种却用于不同的动物实验时，一定要确保在动物笼上带有相应的标签并注明详细情况，同时要掌握尽可能多的不同小鼠的辨认方法。除了笼具上做好标签外，动物上最好也要标记，以防动物逃出后混淆。

（3）进行动物操作时要小心从容地进行操作，避免不必要的操作失误，如打翻动物笼具，使动物逃逸，给实验带来困扰。

（刘　翠）

第二节　不可藏污纳垢——动物的小“公寓”需勤打扫

背景知识

实验动物是为了满足人类科研需要，按照人类意愿培育的特殊动物，其生长、繁殖或活动都根据科研要求被限定在某种特定的人工范围内，一般包括大体环境和局部微环境。大体环境是指放置实验动物笼架具的饲养间和实验间的各种理化环境，局部微环境是指存在于实验动物的饲养盒内，对动物直接产生影响的各种理化因素，如温度、湿度、气流速度、氨浓度、光照周期、噪声等。当环境条件改变时，将会严重影响实验动物的生存及动物实验的效果。中华人民共和国国家标准《实验动物 环境及设施（GB14925—2010）》中对实验动物生产间和实验间的环境指标均提出了具体要求，包括温度、最大日温差、相对湿度、空气洁净度、氨浓度、噪声等。

图 7-3 实验室禁止从事与实验无关的事情

安全事件

刚进入实验室开始饲养小鼠的小明发现小鼠的鼻子和眼周经常有破溃，不愿进食，毛色发暗，有的饲养笼甚至出现小鼠死亡的情况。这让小明很是困惑。请师姐帮忙找找问题的原因所在，师姐打开鼠盒盖一看，小鼠垫料已彻底被尿液湿透，四处散布着小鼠粪便，一股浓浓的刺激性气味扑面而来。一问小明，竟然两周没给小鼠换垫料了。

事件分析

本次事件中小明的错误操作在于，给小鼠更换笼盒的时间不及时，导致排泄物中的粪尿等物质发酵分解产生危害小鼠身体的物质。其中氨是产生有害气体中浓度最高的一种，当动物饲养间温度上升、动物密度增加、通风条件不良、排泄物和垫料未及时清除时，都可使动物饲养环境内氨浓度急剧上升。

当其浓度升高超过一定范围，可刺激动物眼结膜、鼻腔和呼吸道黏膜，引起动物的一些不良反应，严重者甚至可导致动物死亡。

防范措施

规范对动物饲养及实验操作人员的培训，严格按照国家有关标准执行，结合具体实验要求，实验动物饲养者要认真细致的了解实验动物的饲养要求，给予受试动物关照和福利，给实验动物提供一个舒适安全的环境，有效保证实验动物良好状态，从而保证动物实验结果的稳定、可靠、准确。

垫料使用前要除尘灭菌，要及时更换垫料，避免动物排泄物污染环境，对动物健康产生不利影响，同时也要避免频繁更换饲养环境导致小鼠过度紧张。更换的频率视动物的大小、密度、粪尿排出量而定，不可一概而论。如发现垫料浸水或有死鼠，必须及时更换垫料。

（刘　羽）

第三节　实验动物会咬人（1）

背景知识

以小鼠为代表的啮齿类动物是实验室内最常见的实验动物物种。小鼠（Mouse；Mus Musculus）在生物学分类上属啮齿目、鼠科、鼠属、小家鼠种动物，来源于野生小家鼠。17 世纪时，科学家们应用小鼠进行比较解剖学研究及动物实验。1909 年 Little 等采用近亲繁殖的方法首次培育成功 DBA 近交系小鼠，经过长期人工饲养、选择培育，已育成各具特色的远交群和近交系 2000 多种，包括多种自发突变疾病模型品系。小鼠是最大的生物医学研究资源，遍布世界各地，是当今世界上研究最详尽、应用最广泛的实验动物。

动物实验操作主要涉及动物的抓取、麻醉、采血及处死等。在实施具体操作时，应注意避免被动物抓伤或咬伤，引起被抓伤和咬伤的主要是由于不规范的动物抓取操作所致。好在绝大多数科学研究使用的小鼠为 SPF 级实验动物，所谓 SPF（Specific pathogen Free，SPF）级动物是指无特定病原体级实验动物，排除了人兽共患病、动物烈性传染病、严重干扰实验、条件致病病原等微生物和寄生虫 。

安全事件

实验动物质量保障平台的进修生小夏今天参加实验动物微生物和寄生虫监测工作。

我们几个主要检测人员就检测流程、动物抓取的注意事项对小夏进行了培训。当 SPF 级小鼠运输到指定地点后，大家像往常一样快速地“武装”好，依次给动物编号标记，接着就进入到采样流程。我首先抓起 1 号小鼠，给小夏做演示，教她抓小鼠，待我抓完几只后，小夏主动提出试一试，我有点不放心，站一旁看着她，只见她紧张地伸手去抓小鼠，还没碰到小鼠，又恐慌地把手缩了回去，这样反复几次，小鼠都被逗惊了，她也没麻利地抓起动物，还搞得满头大汗。

小夏最后勇敢地把手伸进鼠盒，抓起小鼠的尾巴，几乎是把小鼠摔倒在笼盖上，不过手并没松开小鼠尾巴，小鼠牢牢抓住笼盖，我赶快打开粘毛的玻片，正要粘毛时，只听小鼠和小夏几乎同时尖叫起来，原来小夏被小鼠咬了手指……我马上帮小夏处理咬伤，让她赶快摘下手套，检查伤口，并取来药箱。经检查，小夏的手指让小鼠的牙齿咬伤了，我马上用盐水冲洗伤口，用手指由近端向远端挤压伤口外围，排出几滴血后，用碘伏处理伤口，贴上创可贴。

事件分析

首先，在实验过程中，规范操作，温和爱抚对待实验动物很有必要，因为大部分实验动物，包括大鼠都比较温顺，抓取前应与它们有简单沟通，如抚摸，大胆放松地把手靠近动物，动物不但不激怒，而且非常配合你的抓取，避免咬伤和抓伤事件。同时注意，在抓取动物时避免反复惊吓它们，因为实验动物，尤其是小鼠对你的紧张动作非常敏感，被惊吓的动物很难操作，如果执意继续抓取，动物会被激怒，就很容易发生抓伤、咬伤事件。

其次，对待惊恐动物，应暂时隔离，缓和紧张情绪，再次抓取操作就会容易许多，同样也会避免抓伤咬伤事件。为了避免咬伤事件发生，在抓取小鼠时最好戴上较厚的乳胶手套，抓取大鼠时最好戴上帆布手套，这样就会大大减少咬伤事件。

最后，最关键的一点，也是值得和大家分享的一点，用单手抓取小鼠，主要针对药物灌胃和腹腔注射等动物实验，即用左手拎起小鼠尾巴，轻轻放在笼盖上，小鼠的身体与笼盖的金属丝呈垂直状，小鼠习惯自然地牢牢抓住笼盖，这时用左手无名指和掌心抓住小鼠背部身躯，用左手小指压住小鼠尾巴，再用左手的拇指和食指抓住小鼠的颈背部，就可以自如地进行动物实验了。在进行小鼠尾静脉注射时，也可以使用圆筒状的小鼠固定器抓取（图 7-4）。

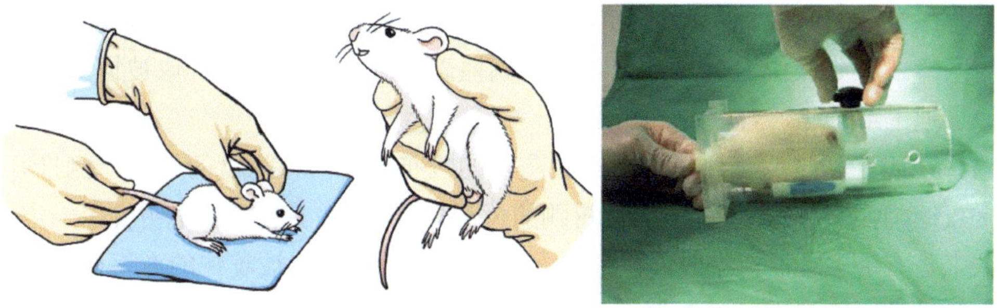

图 7-4　掌握正确的抓取方式是防止咬伤的关键环节

防范措施

（1）实验过程中被 SPF 级小鼠抓伤和咬伤时，由于该等级实验动物病原微生物背景清晰、不携带传染人类病原体，所以可用生理盐水冲洗伤口，然后用碘伏消毒，最后用创可贴包住伤口。如果伤口较深有出血现象，可考虑到指定医院就诊。

（2）实验操作人员应经过专门培训，获得实验动物上岗证方及相应操作、防护技术能力后，方可进行动物操作，熟练掌握动物操作技巧，做好相应防护再开展实验活动，操作时胆大心细，应用正确的方式抓取实验动物可减少动物的抓伤或咬伤。

（刘先菊）

第四节　实验动物会咬人（2）

背景知识

实验动物除了最常见的以大、小鼠为代表的啮齿类动物外，还有兔、犬、猪、猴、猫等多种动物用于科学研究，近年来，以雪貂、树鼩、土拨鼠等为代表的疾病特色易感动物也越来越频繁地被使用。

安全事件

这天，小明第一次跟着带教老师来到动物生物安全实验室，准备对树鼩进行感染实验。在准备间，他戴好帽子、口罩、手套、护目镜，穿好鞋套、防护衣、防护靴，进入到实验室中（图 7-6）。

树鼩的笼具包括活动笼和睡盒，活动笼内树鼩上蹿下跳，不时发出叽叽的叫声，看到操作人员靠近笼具，树鼩惶恐地看着操作人员，像被惊到，有些加速上蹿下跳，有些躲进睡盒中。

小明在乳胶手套外又戴了一层防咬的帆布手套，将睡盒的门向一侧推开一点缝，刚好能伸进右手，顺着树鼩的背部抓取树鼩，突然间，小明尖叫一声，原来是右手手套被树鼩咬住，慌乱之中，小明着急地将被咬住的右手往回收，但是越往回收树鼩咬得越紧，疼的小明“哇”的大叫一声，老师让小明不要动，等树鼩松口再马上收回右手。收回右手后，小明赶紧脱下外层帆布手套和外层乳胶手套，然后去实验室外的缓冲走廊里脱掉里层乳胶手套，发现食指有红红的牙印，但是未出血，用生理盐水冲洗后，打开急救箱，用碘伏消毒。由于伤势不重，直接报告了生物安全实验室的负责人，评估后认为不需要去医院治疗。

原因分析

小明之所以被咬伤，主要原因是不十分了解动物的生物学特性，缺乏足够的操作培训。动物种类不同，造成的伤害也会不同，比如兔属哺乳纲兔形目，经人工驯化饲养而成为实验动物，主要有日本大耳白兔、荷兰兔和青紫兰兔。兔一般情况下不主动咬人。抓取时一手抓住兔颈部的毛皮提起，另一手托其臀部或腹部，避免抓取过程中损伤动物。不能采用抓双耳或抓提腹部。抓取不当会激怒或惊吓实验兔，导致其咬伤或抓伤实验人员（图 7-5）。

雪貂属于鼬科，作为实验用动物是最为敏感的流感病毒感染动物模型（图 7-6）。尽管目前已被实验动物化的雪貂大多性情温顺，但在应激状态下仍会呈现出其肉食动物的凶悍一面。因此，在实验过程中抓取雪貂时，应按照规定的标准操作程序进行操作，谨防被其抓伤、咬伤。抓取方法与兔类似，并佩戴专用防咬手套。

树鼩作为灵长类动物的近亲，具有体型小、繁殖快、易动，解剖学和生

图 7-5 正确抓取实验兔

图 7-6 雪貂

理学特征较其他实验动物更接近人的优点，树鼩已广泛用于病毒、细菌、寄生虫、神经、内分泌、泌尿、肿瘤、生殖生物学等方面的研究，世界卫生组织（WHO）曾呼吁用树鼩代替数量日趋减少的非人灵长类动物。树鼩生性活跃，动作敏捷，受惊吓后有攻击性。实验室饲养的树鼩喜欢在笼具内上蹿下跳，抓取时如果手法不恰当容易激惹树鼩，导致操作者有被咬伤的风险（图 7-7）。

犬属哺乳纲、食肉目、犬科。实验用犬以比格犬为代表，其生物学特性稳定、均一、遗传和微生物学控制较好。由于犬长期和人类一起生活，天性与人类亲近，易于驯养，通过训练能领会人的简单意图和命令，因此

图 7-7　树鼩

能很好地满足实验工作的需要。但是犬的野性会造成对实验人员的潜在危险（图 7-8）。

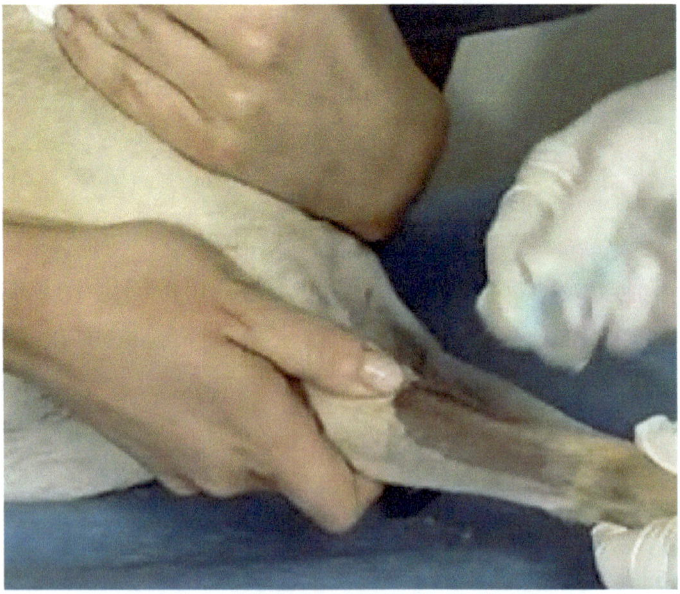

图 7-8　犬的静脉注射

非人灵长类动物属灵长目，因与人类相似，被广泛用于包括传染病学、药理学和毒理学、生殖生理、口腔医学、营养代谢、行为学和高级神经活动、老年病、器官移植和眼科、内分泌病和畸胎学、肿瘤学等各种科学研究中（图 7-9）。但猴易伤人，有攻击性，抓伤、咬伤最为常见（图 7-10）。

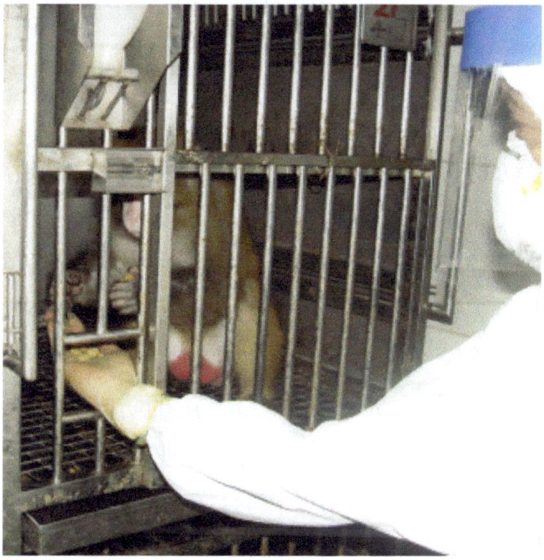

图 7-9　实验猴

图 7-10　小心不要被猴子抓伤

小明在没有确定树鼩腹背部的情况下就抓取固定，食指和中指无法固定树鼩的头部，因此很容易被树鼩咬伤。抓取树鼩时应该先慢后快，在睡盒中先慢慢摸到树鼩的腹背部位置，然后快速下手抓稳。在确定被树鼩咬住后，应该冷静地停下操作，等待树鼩安静后再继续，而小明在惊慌的情况下用力对抗，试图抽回被咬住的右手，越用力对抗，树鼩越咬越紧，小明反而越容易受伤。

防范措施

（1）了解实验动物特性，实验前的操作培训是帮助操作者熟练掌握正确的操作方法、减少意外事故发生的保障，而良好的心理素质和严肃的工作态度也是动物实验操作者必备的能力。抓取时需要掌握正确的方法和具备良好的心理素质，操作者在进行树鼩、雪貂、犬、兔、或猴等大动物实验前要充分掌握动物的习性，并熟练掌握正确的抓取方法，以免动物对操作者造成伤害。操作者应该做好相应的个人防护，如戴专用的防咬放抓手套。尤其是雪貂、犬和猴的抓取，应穿戴专业防护装备并辅助专业抓取器具来抓取动物。

（2）在进行猴子、犬等大动物操作时，一定要注意保持大动物在离自己有一定距离的视野里，以免被大动物抓伤。犬要带颈环和链条饲养，从笼中取出要注视犬并拉住链子。装车或实验过程中要尽量避免犬的恐惧，同时要请专业人员给犬佩戴口套。猴操作要进行麻醉。

（3）如果被动物咬住，应该马上停下来，等待动物安静松口，不能与之对抗，越对抗越容易激惹动物，受到其更猛烈攻击而受伤。万一被动物伤害，应该正确评估伤口可能的危害，进行伤口处理，并预防可能的传染病。

（4）万一不慎被其抓伤、咬伤，也必须按照科学规范的方法进行处理。受伤后，应迅速到清洁工作区，脱去手套，用生理盐水冲洗，如果皮肤有破损尽量挤出损伤处的血液，禁止进行伤口的局部挤压。打开急救箱，使用75%酒精或碘伏消毒。

（5）如果伤势情况严重应立即离开实验室，由保健医生或到指定医院进行医疗处理。报告实验室主任和实验室生物安全负责人。根据相关危害评估文件、伤情对受伤人员应进行观察，作出医疗评价，并去指定医院进一步治疗。

（6）建立合理的安全制度。一套好的安全制度可以减少事故发生、提高工作效率、保障实验人员的人身安全。例如，有些实验室在进行与犬相关的实验时要求至少有两名实验人员参与实验，一人负责保定、一人负责实验操作。

像这样良好的安全制度就很值得借鉴。

犬要带颈环和链条饲养，从笼中取出要注视犬并拉住链子。装车或实验过程中要尽量避免犬的恐惧，同时要请专业人员给犬佩戴口套。

（马春梅　许黎黎　占玲俊　杜晓鹏）

第五节　卡扣严实的笼子——如何防止动物逃逸

背景知识

实验动物逃逸是实验室最应该避免的生物安全事件之一，会造成动物品系混乱，实验环境污染等诸多不良后果，严重影响实验进程和操作者身心健康。《实验室生物安全通用要求》（GB19489—2008）中明确提出：动物实验室的生物安全防护设施应参照 BSL1-4 实验室的要求，还应考虑对动物呼吸、排泄、毛发、抓咬、挣扎、逃逸、动物实验（如染毒、医学检查、取样、解剖、检验等）、动物饲养、动物尸体及排泄物的处置等过程产生的潜在生物危害的防护。更换小鼠鼠盒是最易造成小鼠逃逸的操作，操作不当尤其是笼盖未卡扣严实时，极易导致小鼠逃逸。在更换动物笼具的时候，应遵循由里向外、先上后下、自左向右的次序进行。更换过程均在操作车上进行，即先从笼架上取下需换的鼠笼，并随时用消毒液擦拭该层笼架，用大号镊子把小鼠小心提入清洁笼内，盖紧笼盖，添加灭菌的饲料和饮水，放回原处（图 7-11）。

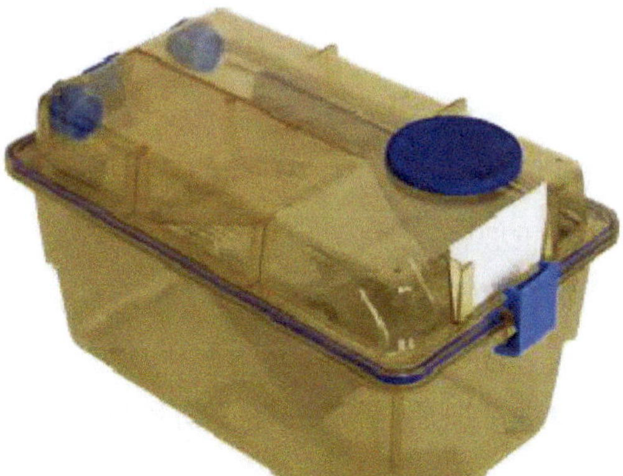

图 7-11　鼠盒要盖好盖子

另外，在更换笼具后，要做好记录管理部分的工作，记录的内容包括环境质量状况、动物繁殖情况、谱系资料、生活状况、生长发育情况、生长消耗情况、人员来往情况、消毒灭菌情况、微生物质量检测、工作记录等。记录管理具有多方面的好处；第一，有益于总结经验；第二，保持品系特性；第三，有利于提高科学饲养管理水平，有利于开展学术交流和科技合作。

安全事件

小明的专业是实验动物学，毕业后来到一家单位的动物房工作，负责小鼠的饲养管理工作。每周四要给小鼠换一次笼具，这是一周中最累的一天。开始的时候还好，只换 2 个架子上的笼具，但时间一长，工作量逐渐加大，8 个架子上的所有笼具都在这一天换一遍，每次换完盒，还要换水，添加饲料，整整忙一天。小明觉得非常累，于是打扫一下卫生之后，就匆匆离开了。

在他负责 8 个架子到第三周的时候，突然发现地上竟有几只小鼠在跑，顿时小明出了一身冷汗。怎么办？他赶快去一一核对标签和笼内小鼠的数量，及时逮住了在笼外流窜的小鼠。小鼠是不能放回去了，只能安乐处死掉，另外，不知道这几只小鼠有没有对其他笼子里的小鼠造成污染，要是这样，后果就严重了，小明因自己的疏于职守而引起动物逃逸生物安全事故懊恼不已。

事件分析

本次事件中小明的错误操作在于，忙中出错，没有按照 SOP 更换小鼠笼具。更换笼具后没有检查一下笼盒是否卡扣严实就匆忙离开，造成了小鼠逃逸。

防范措施

（1）对实验动物相关人员定期培训，要求相关操作人员必须严格按照 SOP 执行，强调细节的重要性。

（2）在进行动物操作前应充分了解实验动物习性，熟练掌握实验动物操作，认真执行规程。

（3）在动物实验前进行评估，合理安排动物数量，能有效安全地进行操作。

（王　响）

第六节　危险的旅程——实验动物的运输安全

背景知识

作为医学研究不可替代的重要支撑条件，实验动物模型对于生命基本规律和机理的阐明所起的作用越来越不可替代，商品化的实验动物更是供不应求，每一天都有成千上万的实验动物被从一个地方运到另一个地方，更甚者要辗转多个地区。如果运输方法不当，会诱发动物的紧迫或危机感，甚至引起动物严重伤害。因此在运送过程中必须采用合适的运输方式及容器，同时必须遵守国家、地方的相关法律法规。我国科技部《实验动物管理条例》第四章第二十一条规定："实验动物的运输工作应有专人负责。实验动物的装运工具应当安全、可靠。不得将不同品种、品系或者不同等级的实验动物混合装运。"

无论采用何种运输方式，都需使用特制的动物运输容器。运输容器必须能防止微生物污染和动物逃逸，及承受短暂性的挤压、无毒、无味、通气良好的材料制成。其设计应考虑实验动物的生理、生态、习性和微生物等级等因素，保证实验动物的健康与安全。运输 SPF 级动物时，运输箱内更要加上一层特殊滤网，以防止外界微生物的污染，同时保证足够的通风换气。实验动物的运输应采用耗时少、尽量减少实验动物的疲劳和不适的运输方式为宜。运输中需要良好通风和温度控制，防止运输中出现过热或过冷引起动物的反应与不适。每种动物的需求及喂食方式各有不同，须张贴于运输箱外的标签上。对于啮齿类动物，运输前应让动物饮足水，不能把饮水瓶放在运输盒里，否则，运输的晃动将把水泼洒在鼠盒内。如果运输时间超过六小时，可用固态水，有些普通级动物的运输箱里可放入块根类的食物，如胡萝卜、苹果等。运输过程中应防止动物所携带的微生物、粪尿污染环境（图 7-12）。

安全事件

小明是 A 市一家科研单位的工作人员，平时只在单位里搞科研，很少处理对外事务。去年小明所在单位与一家公司共同进行一项合作研究。小明所在单位负责制作一种转基因小鼠，那家公司做进一步研究。经过 6 个月的努力，

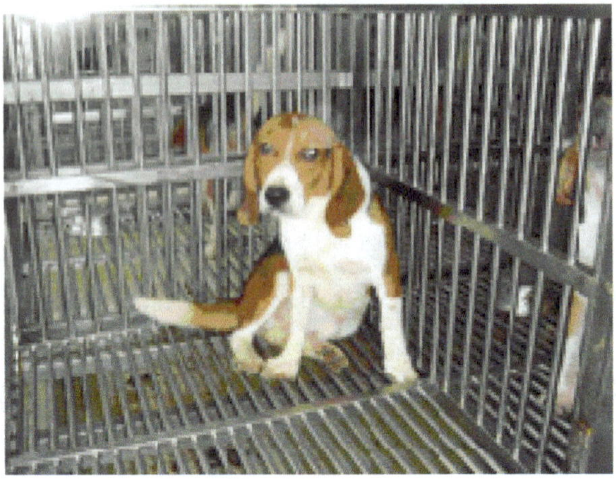

图 7-12 实验动物运输时要考虑它们的福利需求

小明的团队终于把所需的转基因小鼠制作出来。验收小鼠的日子到了，小明把 10 只小鼠放在一个装饲料用的纸盒内，放了些垫料。怕小鼠路上会渴、会饿，他又往里面加了些饲料，放了一瓶水，并用透明胶带固定好，觉得万无一失了，用胶条封好纸盒，又在侧面扎了几个洞，以便通气。小明把装小鼠的纸盒放到单位派的车上，运往合作公司。可是谁料到达后，一打开车门，小鼠在车里上蹿下跳，司机连同公司员工赶快将小鼠重新抓获，清点后，共 10 只，才长出了一口气，好在没有逃逸。

事件分析

本次事件中小明的错误操作在于，没有按要求进行实验动物的规范运输。运送小鼠应该用专用运输笼具、交通工具；运送小鼠时，即使是大于 6h 的长途运输，也不能在运输盒内放水瓶，应在运输前让动物饮足水。

防范措施

（1）实验动物的运输有专门规定，应加强对动物运输人员的培训，严格按照国家有关标准执行，规范实验动物运输相关事宜。

（2）运输前充分了解不同实验动物习性和运输要求，熟练掌握规范化的实验动物运输操作规程。

（王　响）

第七节　动物组织标本采样可能的风险

背景知识

动物取材是根据实验目的及组织病变程度而合理取得实验动物组织材料。实验动物病理标本的大小不一样，对于较大的标本，不可能都对其制作切片。因此，需将送检标本进行客观描述并将病变部位组织切成厚薄适度的小片，再装入包埋盒，这一过程即为取材。

由于取出的新鲜组织比较柔软，不易直接切割成实验所需的形状，因此取出的新鲜组织需要立即放入固定剂中，经过充分的固定，使蛋白质、酶、脂肪等成分发生凝固或沉淀，使组织具有一定的硬度而容易修整切取。实验室常用的固定剂是 10% 中性福尔马林固定液，福尔马林是甲醛水溶液，甲醛浓度为 35% ～ 40%。而甲醛（formaldehyde）是一种无色有强烈刺激性气味的有毒气体，易溶于水，对人体健康的影响较大，主要表现在包括嗅觉异常、呼吸道疾病、皮肤刺激症、女性月经紊乱、肺功能异常、肝功能异常、免疫系统受损、中枢神经受影响、损伤细胞内的遗传物质等方面。经常吸入少量甲醛，能引起慢性中毒。因此，有效的防护在取材过程中起着至关重要的作用。取材前，对操作者的基本要求是：穿白大衣、鞋套，戴手套、口罩和帽子。取材时更不能忙中出错，让锐器弄伤手及身体其他部位。

《实验室生物安全通用要求》(GB19489—2008）中明确了动物实验（如染毒、医学检查、取样、解剖、检验等)、动物饲养、动物尸体及排泄物的处置等过程产生的潜在生物危害的防护。

安全事件

实验动物的解剖是小徐所在的病理科的基本工作，有一年冬天，小徐等 6 个人解剖了 80 只大鼠后，准备第二天进行组织取材。第二天，天气晴好，有寒风，冷冰冰的。在实验室干活，有暖气，管它外面是何种天气。准备开工：穿白大衣、鞋套，戴手套、口罩和帽子，准备器械，这一切的操作当然要在通风橱中进行。可是，关键时刻却掉链子，风箱坏了！

换新的肯定是来不及了，时间紧任务急，只好尽量把固定的组织冲干净，加戴护眼罩，双层口罩，一切准备就绪开始上阵。可还不到两分钟，小徐的眼泪就止不住地流，头也晕乎乎的。取材还是要继续的，只好把实验室后门打开，大冬天的，风呼呼地，甲醛味是小多了，虽然有暖气可还是冷啊。冷就冷吧，总比甲醛伤害自己的身体好吧。

咦？固定好的组织哪来的血啊？进科室不久的小徐茫然了。真是祸不单行！小徐的手指被刀片切破了！看着流血的手指小徐不知如何是好。历经风雨、经验丰富的黄老师眼疾手快，赶紧帮助小徐脱掉手套，用大量清水冲洗伤口，减少甲醛从伤口渗入。仔细检查伤口，还好不深，碘伏消毒，贴上创可贴，完事！小徐很惭愧，取材要用镊子夹取组织，这么基本的操作怎么能忘呢？

事件分析

本次事件中小徐的错误操作在于：一是没有在通风设备正常运转的环境下进行组织取材，已经造成了环境危害；二是没有用镊子夹取组织，而是用手直接拿着，导致手指被刀片划伤。

防范措施

（1）进行某些有生物安全危害的操作时，先检查防护设施是否正常，保障操作环境的安全，尽量避免环境对操作者造成不适，从而影响实验操作，产生意外伤害。病理处置室要有良好的通风设备，操作挥发有毒性气体，应在通风橱、生物安全柜中进行，避免误吸。

（2）实验人员应穿好规定的实验工作服、鞋套，戴手套、口罩和帽子。

（3）用过的刀片放入锐器捅，刀柄、剪刀、镊子等都必须冲洗干净，再分类放入器械柜。取材时，用镊子夹取组织，不用手触摸面部、眼、口、鼻等部位。

（4）同时还需注意，一旦出现意外伤害，应评估可能的生物安全危害和伤口引起的危害，按要求进行相应的伤口处理，减少可能的危害。如不小心用刀片划破了手，可迅速脱掉手套，用大量清水冲洗，然后用外用碘伏消毒，最后贴上创可贴；若伤口较大，需要做简单的紧急处理再去医院包扎处理，并密切观察甲醛可能引起的不良反应。

（徐玉环）

第八节　啮齿类动物可能会传播流行性出血热哦

背景知识

在医学教学、医学工作和科研中，不论是从事基础医学、临床医学和预防医学，都需要用实验动物来进行各种实验。通过对动物实验的观察和分析，研究和解决医学上存在的许多问题，动物实验方法已成为医学科学研究和教学工作中必不可少的重要手段。除了合格的实验动物外，供实验用的其他动物的体表与体内可能存在着各种微生物及寄生虫，其中相当一部分为人畜共患病的病原体，不仅危害动物本身，还能波及与之密切接触的易感人群，甚至将病原体扩散至社会上其他人群，危害更大。1997 年 12 月 11 日国科发财字 [1997]593 号发布的《实验动物质量管理办法》中第三章第九条明确规定："实验动物生产和使用，实行许可证制度。实验动物生产和使用单位，必须取得许可证。"

流行性出血热（epidemic hemorrhagic fever，EHF）是一种分布广，传染性强、流行猛烈、临床症状重、病死率高的人畜共患性传染病。EHF 广泛流行于俄罗斯、克罗地亚、朝鲜等国，我国也是该病种传播、流行的重点区域。该病是由流行性出血热病毒（epidemic hemorrhagic fever virus，EHFV）引起以鼠类为主要传染源的自然疫源性疾病。宿主动物和传染源主要是小型啮齿动物，以发热、出血倾向及肾脏损害为主要临床特征的急性病毒性传染病。我国已查出 30 种以上动物可自然携带 EHFV，除啮齿动物外，包括家猫、实验兔、犬、猪等家畜也携带 EHFV，证明其多宿主性。因此，大鼠、小鼠作为最常用的啮齿类实验动物，对其的安全使用是非常关键的。

我国从 1964 ～ 1988 年先后发生 20 多例实验动物大鼠咬伤导致 EHFV 实验室感染事件，近期主要有：

1996 年，安徽中医学院中药系学生李某用大鼠做实验时被咬破手指，后确诊为流行性出血热，通过对实验用鼠、啮齿动物及人群监测和个案调查，确认该同学感染出血热病毒系实验大鼠咬伤所致。

1997 年，四川省某单位实验动物中心一饲养员确诊为肾综合征出血热病毒感染。

1999 年，长春市某医学院在校 1 名工作人员在做实验时被大鼠咬伤，临床被确诊为肾综合征出血热（HFRS）。

2000 ～ 2001 年，杭州市疾病预防控制中心对 4 家科研和教学单位从事实验动物科学实验、饲养、行政后勤等人员 157 人进行血清学检查。EHFV 抗体阳性率分别为饲养管理人员 5.6%、科技人员 1.5%。

2003 年，云南省部分高校和研究所的实验动物大鼠中发生 EHFV 流行，导致人群感染和发病。

安全事件

2006 年，某省某医学院中药系博士生小明出现出血热疑似症状，临床确诊为肾综合征出血热，后经市卫生防疫站复核检测出血热特异性抗体为阳性。小明曾在用大鼠做实验时被咬破手指，且抽样采集的鼠血和鼠肺，出血热病毒抗体或抗原阳性率达 52. 94%。小明被送往医院进行治疗，小明同校的同学，以及全省凡此期间在校学生接触过实验动物大鼠、小鼠的科研人员及学生，全部统一注射流行性出血热疫苗。

事件分析

近年来，我国相继发生多起实验动物大鼠咬伤导致 EHFV 实验室感染事件。都是由于从事医学实验的人员与感染 EHFV 的实验动物直接或间接接触而引起感染。EHFV 的感染方式主要有：接触感染，由带病毒动物咬伤或感染性的鼠排泄物直接接触皮肤伤口使病毒感染人；呼吸道传播，以鼠排泄物尘埃形成的气溶胶吸入而受染；消化道感染，受染鼠排泄物直接污染食物，吃后受到感染；螨媒传播，有报道称革螨人工感染后一定时间内可在体内查到 EHFV，并可经卵传代，从恙螨也可分离到 EHFV；垂直传播，有从孕妇 EHF 患者的死胎肺、肝、肾中查见 EHFV 抗原的报告，并分离到病毒，在自然界捕捉的带毒怀孕黑线姬鼠和褐家鼠中也发现有类似垂直传播现象。实验人员感染 EHF 的主要途径是被动物咬伤和空气传播。

防范措施

（1）从事动物实验的科研和技术人员必须使用具有“实验动物使用合格证明”的动物，这样可以最大程度避免实验室人员的感染。尤其是啮齿类实验动物，大鼠、小鼠应使用清洁级以上的净化动物。

（2）做好实验室防鼠工作，防止野鼠进入实验室。加强生物安全教育，饲育人员和实验人员应认识该疾病的发生特点和严重性，思想上应高度重视、加强管理。对饲养人员、动物实验人员定期进行 EHF 感染情况的检测。

（3）实验人员进行动物操作时应严格遵照 SOP 执行，做好个人防护，在日常管理和动物实验操作中，应戴口罩、手套，避免被动物咬伤、抓伤和被实验器械损伤。规范实验室人员（特别是实验室学生）的个人生活习惯和行为，严禁在实验室内抽烟和进食等。

（4）开展卫生知识宣传，对实验动物使用及常见的人畜共患病，应该通过讲座、板报等多种形式进行 EHF 的防治知识宣传，增强教职工和学生的自我保健意识。

（乔宏伟）

第九节　豚鼠是个“胆小鬼”

背景知识

豚鼠又名荷兰猪，因样子呆萌、性格温顺常被养作伴侣动物，由于其自身特性，在用做实验动物方面也有着不可替代的地位。它有着大大的耳廓，对外界突然产生的声响、震动或环境变化十分敏感，首先表现为呆滞、僵直、耳朵竖起，并发出吱吱的尖叫声，然后四散奔逃，甚至引起孕鼠的流产。对经常性的搬动、扰动和触摸不适应，可造成豚鼠体重在 24 ～ 48h 明显下降，情况稳定后又可较快恢复。所以在用豚鼠做实验的过程中，一定要注意了解它的特性，避免因为惊吓而导致实验结果不稳定，或造成不必要的损失（图 7-13）。

安全事件

一阵急促的电话铃声响起，管理员报告：“露西教授，您刚刚送回的 30 只豚鼠少了一只。”露西教授刚刚带着她的 30 只豚鼠去做了听力测试，为接下来实验的开展做准备。“好的，我知道了，我马上去听力测试的房间寻找一下。”

露西教授带着她的学生狄妮在听力测试房间开始了地毯式的搜查，一遍没有，两遍没有，再寻找一遍还是没有，在寻找到第 10 遍的时候她们决定放弃了。不知道那个“胆小鬼”跑去那里了。

带着一夜的焦虑，露西教授第二天刚到实验室，就看到管理员远远地跑

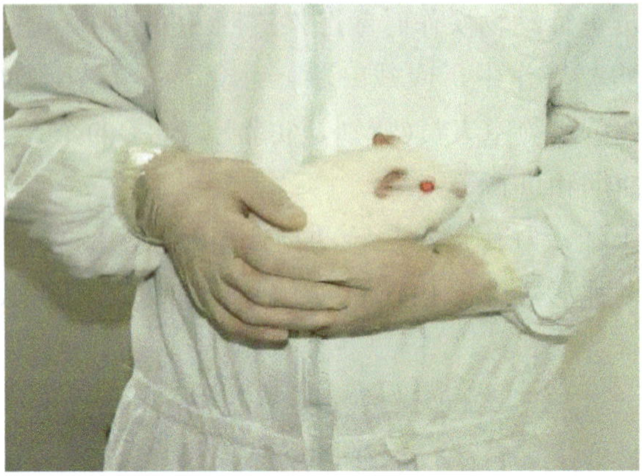

图 7-13　豚鼠胆子很小

过来，“露西教授，那只丢了的小家伙找到了，今天早上我一打开饲养室的门，发现那只小家伙正在料盒上呼呼大睡呢。肯定昨天做听力检查时受了惊吓，在运回到饲养室的时候，钻进料盒里面躲藏起来了”。“找到就好”露西教授长出了一口气。

事件分析

在此次事件中，因为豚鼠胆子小，在做实验的过程中受到一定程度的惊吓，所以它才会不顾一切的钻到饲料里面躲藏起来，看上去只是一只小小的豚鼠失踪，实际可能会引起因为豚鼠饥饿咬断实验室的水电设施，或者因为胆小躲进下水道，堵塞下水道，甚至钻进精密仪器，造成仪器损坏等更大的损失。

防范措施

（1）在用任何一种实验动物开始做实验之前，应充分了解动物的习性，对待这些易受惊吓的小动物要制定相应的标准操作规范，并在实际操作过程中严格执行。抓取要轻柔，到一个新的实验环境时，要求先让它们适应一段时间，然后再进行下一步操作，否则它们会在转移时因为惊吓迅速钻到可能藏身的地方，或者造成实验结果的不稳定、不准确。

（2）对小型啮齿类动物的逃逸都要高度重视，因为它们可能会引起不可预料的重大损失。在实验的过程中，遇到动物失踪的时候，根据动物的习性去推理比盲目的寻找更有效。

（马春梅）

第 8 章

来自实验室操作的可能风险

第一节 电泳操作有风险

背景知识

对生物大分子的研究首先要做的就是对它们进行分离、鉴定。人们常利用这些生物大分子的大小、带电性质等分子自身的特征对大分子进行有效分离。最常见的技术就是核酸物质的电泳及检测。制胶需要加热等过程，易发生意外。

溴化乙锭（Ethidium bromide，EB）是一种荧光染料，可以掺入核酸分子，当被紫外线照射时能发出红褐色的荧光。因此在电泳等核酸分离实验中，溴化乙锭常作为非放射性的生物标记（Marker）来识别和显示核酸条带。溴化乙锭也是一种强诱变剂，并且直接接触有中等毒性，经皮肤吸收会对眼睛、口腔和上呼吸道系统产生刺激作用，因此应当避免与 EB 的直接接触。

安全事件

初到实验室的小明开始做基因克隆实验。小明向师兄、师姐们一一请教实验步骤及注意事项。按照实验步骤，小心翼翼地从细胞中提取 RNA，然后反转录成 cDNA，经 PCR 后开始电泳分析。在制备琼脂糖凝胶的过程中，小明从玻璃器材柜中取出一个三角瓶配制凝胶，为防止胶从三角瓶口溢出，也学着师兄师姐将三角瓶用塑料薄膜封住瓶口后进行加热。突然砰的一声巨响，薄膜破了，胶也喷了出来。小明总结了教训，再次制备琼脂糖凝胶，待凝胶稍稍冷却后加入EB染料，凝胶冷却成型后准备电泳。小明戴上PE手套将电泳一段时间的琼脂糖凝胶转移到紫外灯下进行观察，记录实验结果后将凝胶抛弃在操作台的普通废弃物回收盒里。手套脱下也随手扔到垃圾桶内。

事件分析

小明的亲身经历说明两点操作错误及隐患：

实验室应使用专用的制胶容器，小明随意在器材柜里取用三角瓶，料想他使用后也会将这个三角瓶当做普通器皿进行洗涤、存放。小明将琼脂糖凝胶进行加热时，不应该把瓶口扎紧，否则瓶中的气体急剧膨胀，造成容器炸破或液体喷出，可能伤害到个人并造成污染。

凝胶融化后，会在这个容器中加入EB染料，但凡接触EB染料的器物都要单独使用和处理。小明事前也认真观察了师兄师姐的实验，但是这个实验室如果仅仅是依靠新进人员自己的观察学习实验技能，而不进行系统培训，实验的结果是否可靠暂且不说，这里还有很多安全隐患，EB这类特殊污染物的使用就是一个例子。

EB具有强致癌性，操作者需要对其有较强的防范意识。一般实验室都有专门的EB污染物回收办法。小明将含有EB的凝胶随意丢弃，沾染EB的手套也随手一扔，这些都有很高的EB污染风险。

防范措施

实验室新进人员，从事具有生物或是化学污染风险的人员必须经过系统正规的培训。小明不仅是新进人员，又是从事化学污染物的操作，因此必然要进行正规培训。

（1）实验室应该有严格的准入制度。即使是经过培训的人员，如果不对实验人员进行考核和评估，很多实验的风险依然无法避免。而且新进人员从事专业实验应该有人进行指导，经过一段时间的督导后，督导人员认定新进人员具备此项实验的能力和知识后才可单独开展实验工作。对不遵守操作程序，违反规定的人员要进行批评教育，严重者限制进入实验室。

（2）实验室管理应规范化。在一般实验室，大多应制定实验规程。而且应该制作多个警示。比如凝胶专用的配制容器要做标识；应该明确标识电泳液的浓度，并表明用途和用法。

（3）EB作为一种特殊的污染性化学试剂，其使用应该做到特殊管理。

应该划定 EB 污染区域进行该项实验；应该设立专用的凝胶污染物回收装置。

老生常谈的一句话，实验室工作无小事，如有规矩按规矩办；没有规矩，严格考量制定规矩，按规矩办；现行规矩存在问题，慎重修订规矩，按规矩办。

（薛　婧）

第二节　DEPC 水，“含 DEPC 的水”，还是“DEPC 处理过的水”？

背景知识

RNA 酶污染造成的核酸降解是影响分子生物学实验结果的原因之一。顽固的 RNA 酶可以耐受普通的湿热高压处理，但不丧失 RNA 酶活力。180℃的高温干热处理 4h 以上能使玻璃和金属器物表面的 RNA 酶失去活力，但如何处理水中，以及其他一些塑料、橡胶等材料表面可能存在的 RNA 酶呢？

焦碳酸二乙酯（diethy pyrocarbonate，DEPC）是一种强烈的 RNA 酶抑制剂，它通过与 RNA 酶的活性基团组氨酸的咪唑环结合使蛋白质变性，从而抑制酶的活性。DEPC 对眼睛和呼吸道黏膜具有强烈的刺激性，它还是一种潜在的致癌物质，能生成乙酯基衍生物和乙酯类衍生物，其中尿烷是一种已知的致癌物质（图 8-1）。

安全事件

实验室通常使用 DEPC 这种高效烷化剂来处理水，小明被安排对水进行 DEPC 处理。小明直接将 1ml DEPC 液体加至 1L 的去离子水中，晃动了几下，老师无奈地摇了摇头。小明意识到自己的错误操作，于是换了个大的锥形瓶，向其加入了含 2ml DEPC 的 2L 去离子水后放进了旁边培养细菌的空气摇床中。

在师兄、师姐的指点下，小明终于知道了正确做法。小明打开通风橱的风机开关，准备了锥形瓶、液体、电动磁力搅拌器等。在锥形瓶中放入了磁力搅拌子，将其放在搅拌器上，瓶口用锡箔纸封住，调整转速后开始搅拌。第二天一早，小明选人员较少的时间将处理的 DEPC 水放进了处于通风处的高压锅内高压灭菌，并在人少的时候打开高压锅。

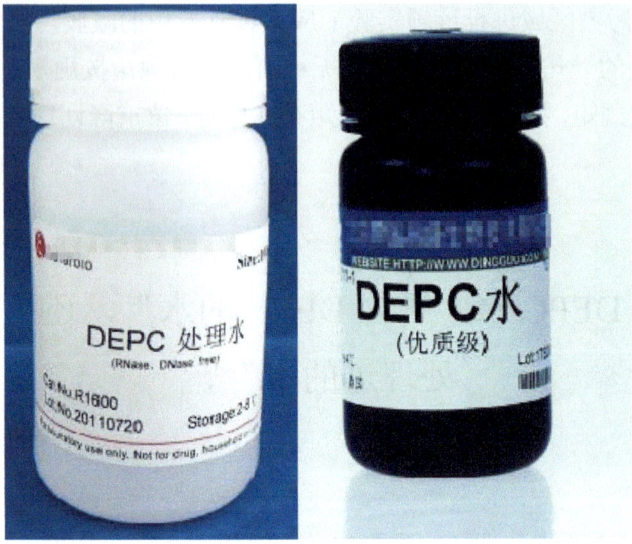

图 8-1　DEPC 处理水和 DEPC 水（商标品牌虚化）

事件分析

以上事件存在以下几个问题：一是 DEPC 加入到水中之后并不会立即溶解，而是形成小的球状液滴（类似于油滴），需要彻底搅拌直至液滴消失才算混合均匀，如不完全混匀，不能达到 DEPC 处理水中 RNA 酶的目的，且水中含有的 DEPC 会对后续实验带来不良影响。二是摇床对含有 DEPC 的水混匀效果不佳，且在混匀过程中 DEPC 的挥发会给操作者带来伤害，磁力搅拌的方式是较为有效、彻底的液体混匀方式。三是为避免 DEPC 挥发造成的损害，不能选择人多的时间段操作，混匀时必须打开通风橱，混匀后高温高压 121℃、20min，DEPC 即可降解成二氧化碳和水，没有毒害。

防范措施

（1）加强个人防护意识，严格遵守实验室的各项规章制度。严格按 SOP 要求进行，不能想当然。

（2）实验前应做好充分准备，了解所用物质的理化特性及其毒性。对于首次操作或不熟悉的实验，必须勤学勤问，了解注意事项，严格按照实验步骤规范操作。

（3）对于存在有吸入毒性危害的物质，应选择人员较少的时间段进行操作，在操作中应尽量在通风条件下进行，佩戴口罩，不小心沾到手上应注意立即冲洗或用消毒液彻底消毒。

（向志光）

第三节　病原体培养中的风险

背景知识

病原体是指可造成人、动物或植物感染疾病的微生物，其中以细菌和病毒的危害最大。病原体培养是微生物实验室的基本实验技术之一，也是实验室生物安全特别需要注意的实验过程。猴免疫缺陷病毒（simian immunodeficiency virus, SIV）是猴艾滋病（SAIDS）的病原之一。SIV 感染主要破坏动物免疫系统，表现为细胞免疫和体液免疫缺陷。其发病机制与人获得性免疫缺陷综合征（艾滋病）相似。SIV 在外界环境中的生存能力较弱，对理化因素的抵抗力较低。56℃处理 30min 可使 SIV 在体外对人的 T 淋巴细胞失去感染性，但不能完全灭活血清中的 SIV。实验操作中的垃圾均应经 121℃ 30min 高压灭菌后按医用垃圾处理。

安全事件

病毒扩增是病毒实验室的常规实验之一，小明被安排复苏一批 SIV 病毒。小明防护意识特别强，穿戴好实验服、口罩、套袖、双层手套、护目镜等防护器具。但在给细胞换液时，不小心将细胞培养皿掉在地上，病毒液洒得满地都是，面对这突如其来的状况，小明顿时不知所措，立刻向指导老师报告。老师赶到实验室后立即疏散实验室的其他人员，并投入到应急补救行动中。只见老师穿戴好防护装备，先使用大量 75% 医用酒精纱布覆盖地面 30min 后，接着使用消毒剂擦拭，最后打开紫外灯照射，所有处理过程中使用的物品均 121℃高压灭菌 30min 后再进一步处理。

事件分析

以上事件存在以下几个问题：经细胞扩增后，病毒量已大量扩增，如有操作不慎，造成环境污染浓度高，危害会较大。对于病原体培养的操作应特别谨慎，养成良好的实验习惯，培养皿用透气的医用胶布封口，既能保证实验的顺利进行，又能防止在移动培养皿时病原体泄漏事件的发生（图 8-2）。

图 8-2　细菌培养基里面有大量的细菌

对于突发状况应冷静应对，及时疏散其他人员并报告上级，采取实验室规定的应急措施。

防范措施

病毒的扩增和培养是病毒实验室常规实验之一，实验前应做好充分准备，重点注意：

（1）遵守生物安全条例，严格按照 SOP 进行实验。

（2）了解病毒的特性，遇到突发情况不要慌张，自己没有处理经验时不要盲目动手，第一时间向上级报告，听从指挥，否则适得其反。若是以前遇到过类似情况，并接受过专业培训，应按照实验室应急处理方案解决。

（3）实验操作要认真，为防止培养板脱落，应注意拿取培养板时不能只拿培养板盖，手要上下握住，放置时应小心轻放。用一次性医用胶带将盖子和板子固定，也能避免只拿掉盖子的可能性。

（4）如果培养板掉落在生物安全柜外或盖子脱落发生液体溅洒，造成感染性材料的外溢、液体溅出，应按照以下方式处理：应立即停止实验，用浸透有效氯含量为 0.55% 的“84”消毒液（原液 : 水 =1:9）或 75% 酒精喷洒污染面，再用消毒纸巾覆盖污染区域，30min 后将纸巾放入消毒袋，用新的消毒纸巾重新覆盖污染区域，待实验结束后，用有效氯含量为 0.55% 的“84”消毒液（原液 : 水 =1:9）彻底消毒台面，紫外照射。若溅到操作者手套上，则应将外层手套喷 75% 酒精消毒后摘除，将其置于医疗废物袋中，换一副新手套。感染性液体溅洒到操作者防护服上。应尽快用 75% 酒精消毒防护服，到缓冲走廊脱掉外层防护服。若手套污染，则应将外层手套喷 75％酒精后摘除，将其置于医疗废物袋中，换一副新手套。

（鞠　斌）

第四节　永生化细胞转化病毒的风险

背景知识

现在的生命科学研究很多都是在细胞水平进行的。而来自正常个体的细胞一般不会无限制的分裂下去，因为正常细胞会有代数限制的问题。然而一些特殊细胞，例如肿瘤细胞，细胞发生了转化，这些细胞不再受代数限制，因此可以永生。著名的细胞 HeLa 细胞就是源自美国妇女海莉耶塔 · 拉克斯（Henrietta Lacks）的子宫颈癌细胞的细胞系。

除了肿瘤来源的细胞系，人们也在尝试其他的途径对正常细胞进行转化以获得永生化的细胞株系。EB 病毒具备转化淋巴细胞的能力，因此人们多使用 EB 病毒感染正常的淋巴细胞，建立多种淋巴细胞系。

安全事件

这件事发生在李教授当年国外留学时。当时他正在进行一项淋巴细胞的研究，需要建立一种人淋巴细胞的转化细胞细胞株。人的淋巴细胞从哪里来呢？李教授还是很有献身精神的，他让助教帮助，抽取了自己的外周血，然后分离了自己的淋巴细胞，自己在实验室开始使用 EB 病毒转化淋巴细胞。实验进展还是很顺利的，但是不久，出差在外的导师回到实验室，了解他的实验后，对他进行了严厉批评。

事件分析

导师为何会批评李教授呢？当年李教授这种为科学献身的精神不应该

表扬吗？难道是因为他在操作 EB 病毒是没有考虑的病毒可能的生物安全风险？难道他不具备病毒操作的资质？

实际上，李教授从事病原学研究多年，具备感染性材料操作的经验。他的 EB 病毒操作时没有问题的。那导师为什么还要批评他呢？

问题在于他使用了自己的细胞进行转化研究。要知道，淋巴细胞经过 EB 病毒转化后，细胞便具备了永生化的能力，这样的细胞一旦再次进入人体便可被看作是一种肿瘤细胞。

平时实验人员在培养转化的肿瘤细胞时，并没有额外的注意这类细胞对于操作者的风险，因为即使是人类的细胞，它们即使进入操作者体内，由于培养细胞来自于其他个体，人类的主要组织相容性复合体的识别机制也会使免疫系统将其识别而排斥、杀伤。

但是李教授操作的是自己的细胞，这种细胞由于来自操作者自身，在体外转化后，一旦再次进入操作者体内，由于其 MHC 分子不会被认作外来物，免疫系统多无法识别这类细胞，它们在体内的增殖将形成可怕的肿瘤。大家都知道人类自身的免疫系统对于发生变异的细胞具有一定的免疫能力，当机体的细胞发生癌变时，免疫系统会对这样的细胞进行识别和杀伤。但是这种杀伤是有一定限制的。机体优先识别异种抗原物质，然后是异体抗原，主要是 MHC 分子的识别，识别能力最弱的就是发生转化的抗原物质。因此当年李教授操作转化了自己的细胞时，导师严厉的批评了他，并销毁了他的劳动成果。

预防措施

这是一个比较特殊的例子。转化病原体基因进入细胞、动物体内涉及的问题不仅包括生物安全，也包括医学伦理的问题。重点注意：

（1）实验涉及人类样品的使用时，需要进行伦理学的审查。即使使用自己的样品，也需要进行伦理学审查。

（2）伦理审查不仅对人类伦理学内容的审查，也应该包括使用人类样品可能造成的各种风险的评估。这些风险的识别是每个伦理审查委员会必须考量的问题。

（3）实验人员必须遵守相关规定，不可进行超越安全规定的试验。

（向志光）

第五节　做好安全防护，利人利己

背景知识

ABSL-3 实验室，即动物三级生物安全实验室，为特殊环境实验室，主要从事高致病性病原微生物感染动物实验。所以在进入实验室前，按照 SOP 做好严格防护，是进入 ABSL-3 实验室的重要规范之一。允许进入 ABSL-3 实验室的人员必须在经过培训取得许可后才能进入实验室进行实验，如果学生需要在 ABSL-3 实验室内进行实验操作需要得到资格审批、主管人员许可，并在已经取得许可的老师或工作人员的监督下才能进入实验室（图 8-3）。

依据《中华人民共和国国家标准（GB19489）实验室生物安全通用要求》，实验室所用设施、设备和材料均应符合国家相关的标准和要求。ABSL 实验室根据防护水平分为 ABSL-1 ～ 4 等级。ABSL-3 实验室除满足基本的要求外，相对室外大气压，核心工作区一般为 -60 ～ -40 Pa，并与生物安全柜等装置内气压保持安全合理压差。保持定向气流并保持各区之间气压差均匀。室内应配备人工或自动消毒器具并备有足够的消毒剂，当房间内有感染动物时，应戴防护面具。每隔适当的时间应更换防护服以确保清洁，当知道防护服已被危险材料污染应立即更换。离开实验室区域之前应脱去防护服。

图 8-3　防护服是第一道安全防护屏障

安全事件

小明的实验需要定期对感染的动物采血检测。一次，小明在老师工作繁忙的情况下决定自己进入 ABSL-3 实验室采血。进入实验室时，他只穿了平时做实验时所穿的白衣工作服，戴一次性检查手套、普通一次性口罩和鞋套便进入了实验室进行实验操作。

事件分析

小明忽视了实验室的特殊性，没有按相关规定进入实验室。小明仅在一般防护下就进入 ABSL-3 实验室是极其错误而且相当危险的事情。ABSL-3 实验室内主要进行的是高致病性病原微生物感染动物实验，以小明这样的防护进入实验室，可能会有大量的病原微生物附着在他的白衣工作服、裤子、头发或暴露的皮肤表面。同时，普通一次性口罩的防护性并不足以在 ABSL-3 实验室保护他不吸入某些以气溶胶为主要感染途径的高致病性病原体。这样当他离开实验室时如果不进行及时处理，就会将这些附着在他身上的病原微生物带到人多的实验室或办公室内。这样的防护将对他自己和身边的人都会造成极大的危害。

防范措施

（1）实验人员应了解防护装备的种类，根据病原防护要求不同选择适宜性防护服。

（2）在进入 ABSL-3 实验室时，应按 SOP 要求，内层必须要穿 ABSL-3 实验室专用工作服、戴帽子及鞋套，外层穿一次性防渗漏的防护服、戴 N95 口罩和一次性乳胶手套，穿戴时还需要检查手套是否破损。离开实验室之前，需要用 75% 酒精对手部进行消毒，然后将全身喷洒一遍，包括手套、胶靴（包括胶靴底部）。进入缓冲间，再次用 75% 酒精进行全身消毒。

（3）只有严格按照 SOP 的标准规程进行防护，才能保证进出 ABSL-3 实验室的人员及其周边同学、老师的安全。

（李枫棣）

设施设备篇

第 9 章

来自实验室设备的可能风险

第一节 最安全的地方也是最危险的地方
——生物安全柜着火隐患

背景知识

生物安全柜是用于微生物学、生物医学、生物安全实验室和其他实验室的生物安全防护隔离设备。它采用先进的空气净化技术和负压箱体设计，实现了对环境、人员和样品的保护，可以防止有害悬浮微粒、气溶胶的扩散；对操作人员、样品及样品间交叉感染和环境提供安全保护，是实验室生物安全防护屏障中最基本的安全防护设备。

依据《微生物和生物医学实验室生物安全通用准则》，生物安全柜是处理危险性微生物时所用的箱型空气净化安全装置。生物安全柜分为 I 级、II 级和 III 级三大类以满足不同的生物研究和防疫要求（图 9-1）。高效空气过滤器（HEPA）是指在额定风量下，对粒径大于等于 0.3μm 的粒子捕集效率在 99.97% 以上及气流阻力在 245Pa 以下的空气过滤器。I 级生物安全柜只在排风口处安装 HEPA，过滤粉尘颗粒或感染因子，工作状态时保证工作人员不受侵害，但不保证实验对象不受污染。II 级生物安全柜只让经 HEPA 过滤的无菌空气进入工作台面，工作状态下遵守操作规程时既保证工作人员不受侵害，也保证实验对象不受污染。III 级生物安全柜是为 3 级和 4 级实验室生物安全等级而设计的，柜体完全气密，工作人员通过连接在柜体的手套进行操作，俗称为手套箱（glove box），实验品通过双门的传递箱进出安全柜以确保不受污染，适用于高风险的生物实验，箱内对外界保持负压可确保人体与柜内物品完全隔绝。

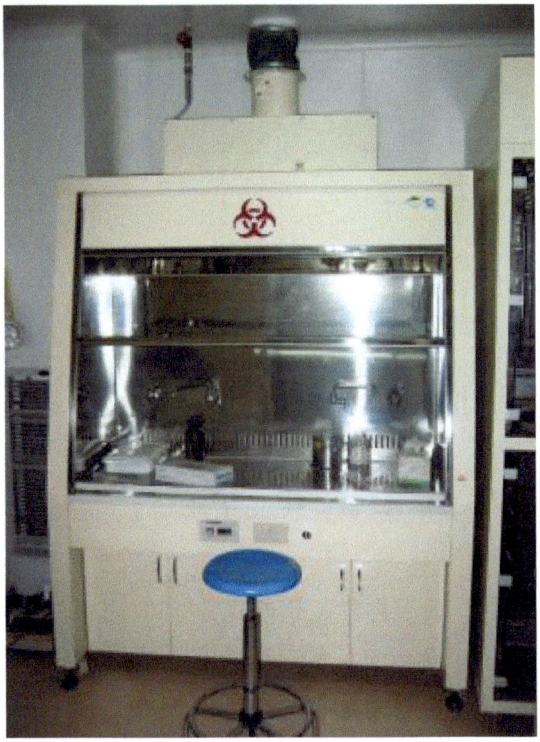

图 9-1　生物安全柜

超净工作台与生物安全柜的主要区别在于气体流向的控制，在窗口位置排风向外。一般来讲，安全柜通过有效的气流阻制，实现外环境的清洁，而超净台只将气体排除，实现内环境的清洁，不具有安全柜的人员防范能力。生物安全柜或超净工作台箱体内部具有高速气流，原则上都不可以使用酒精灯，因为酒精灯属于明火，气流对酒精灯有明显影响。在台内使用酒精灯进行灼烧灭菌，极有可能引起火灾。

安全事件

研究生小志欲做细胞传代操作，首先打开生物安全柜紫外灯照射 30min，同时从 4℃冰箱取出培养基和消化酶进行室温平衡。紫外线照射结束后，将生物安全柜玻璃门提起，打开风机和照明灯，将平衡至室温的培养基和消化酶瓶喷洒 75% 酒精消毒后放入工作台面，又习惯性的拿酒精喷壶对自己佩戴的橡胶手套进行消毒。

完成上述步骤后稍作停顿，便拿起打火机去点台内的酒精灯。然而，就在打火机点燃的瞬间，蓝色的火苗裹住了整个手套。他恐惧地大叫一声，快速撕下手套，扔在了地上，用脚将火焰熄灭。所幸没有造成火灾。

事件分析

细胞培养操作肯定需要一个无菌洁净的操作环境，因此它需要一个提供洁净空气的设备。可以选择生物安全柜。如果只是涉及细胞操作，而该细胞没有感染因素，也可以选择超净工作台。

本事件代表了很多实验室存在的错误操作习惯，仍然在生物安全柜或超净工作台内使用酒精灯进行消毒。此外，很多实验室习惯使用酒精消毒，好像对任何器具喷洒酒精后就无菌了。其实这是一个误解。酒精等消毒溶液的消毒能力有其自身的特点，因此也都有局限性。对于培养基等试剂，如果提早放入生物安全柜或超净工作台，使用紫外线照射消毒也是一个不错的办法。

防范措施

（1）专门制定生物安全柜的使用规范十分必要，规范内容至少应该包括仪器的原理和适用范围。

（2）对于生物安全柜这样一个与感染性材料相关的仪器，应加强对仪器使用人员进行专门培训并做出有效考核，这些措施可有效杜绝实验室安全事故的发生。

（3）虽说生物安全柜或超净工作台不推荐使用酒精灯，针对接种环等的消毒也有电热设备可供选择，但由于条件限制，绝大多数实验室生物安全柜没有电热装置，灼烧消毒已经成为实验人员的使用习惯。如果必须使用酒精灯，那么就必须提高警惕，生物安全柜台面尽量减少物品堆积，摆放位置应远离火焰。最重要的，要做到点火不离人。

（吴芳新）

第二节　实验室里的暴脾气——高压灭菌器

背景知识

高压灭菌器是利用饱和压力蒸汽对物品进行迅速而可靠的灭菌设备，适用于医疗卫生、科研、农业等单位（图 9-2）。高压灭菌的原理是：在密闭的蒸锅内，其中的蒸汽不能外溢，压力不断上升，使水的沸点不断提高，从而锅内温度也随之增加。在 103.4kPa（1.05kg/cm^2）蒸汽压下，锅内温度达 121℃。在此蒸汽温度下，可以很快杀死各种细菌及其高度耐热的芽胞。

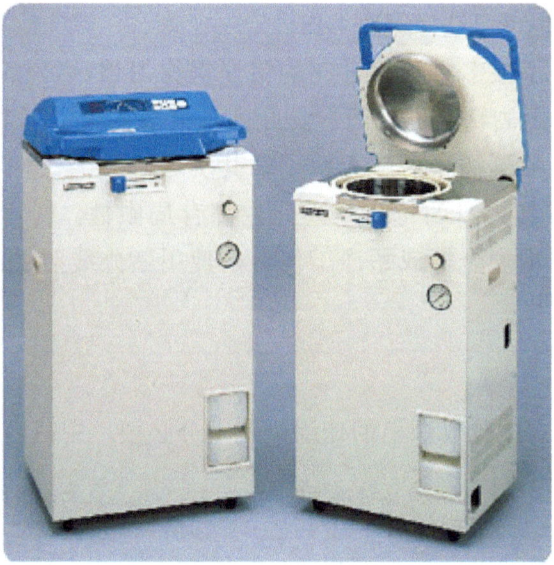

图 9-2　高压灭菌器

常用高压灭菌器主要有手提式高压灭菌器、台式高压灭菌器、立式高压灭菌器等几种。生物性废弃物消毒灭菌最彻底的方法之一是进行高压灭菌。开始灭菌前所有物品必须贴有灭菌指示带，废物灭菌后可以看到灭菌是否完全。高压灭菌器应按照规定进行安全和计量检定，检定合格方可投入使用，并应注意日常维护保养。实验室高压灭菌器应由实验室管理员定期检查，以确保高压灭菌器正常工作，防止意外事故发生，保证消毒灭菌效果（图 9-3）。

高压蒸汽灭菌器属特殊设备，操作人员必须掌握高压灭菌器的原理及操

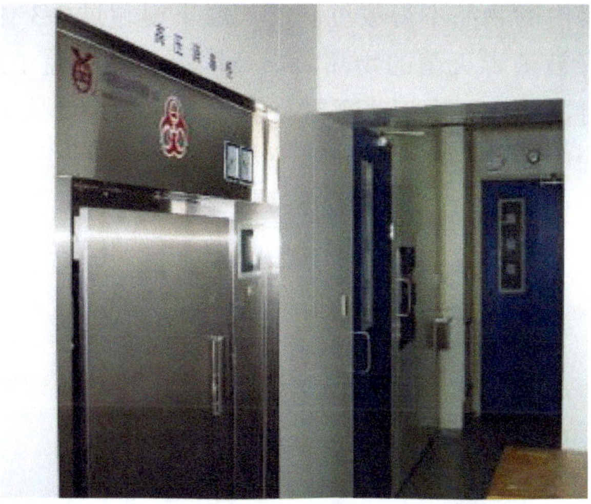

图 9-3　生物安全三级实验室的高压消毒柜

作规则，了解不正确使用可能造成的灾难性后果，以保障消毒、灭菌的质量。操作人员还必须进行专业培训，并取得使用许可证后方可进行设备使用操作（图 9-4）。对该设备的维修、检测必须由有资质的专业人员进行。

图 9-4　工作人员应定期培训，明白自己在做什么、该怎么做

高压灭菌器内的物品不得放过满，一般不得超过 2/3 体积，否则影响灭菌效果。放好被消毒灭菌的物品后，高压灭菌器的盖子或门尽量拧紧。高压灭菌液体时，应在压力下降至零且温度到达规定值才可以打开灭菌器（图 9-5）。

图 9-5　高压灭菌器

依据《简单压力容器安全技术监察规程》第四十六条，简单压力容器发生事故，事故发生单位应迅速采取有效措施，组织抢救，防止事故扩大，并且按照《锅炉压力容器压力管道特种设备事故处理规定》的要求进行报告和处理。

安全事件（一）

小明刚进实验室时对高压灭菌器有些犯怵，因为在进行实验室基本操作培训时老师反复强调了它的危险性，叮嘱小明操作一定要谨慎、规范。刚开始小明确实严格按 SOP 来操作，但是使用过几回安然无恙以后就变得大意起来。某一天，实验安排较多，需要高压灭菌的耗材堆了一堆。于是小明把耗材按先后使用次序分了好几批开始高压灭菌。

耗材包括装有培养基的锥形瓶和玻璃试剂瓶。高压锅设定高温时间完成后温度一点一点往下降，小明心想这得等到什么时候啊！于是打开了泄压阀。

还没等压力表彻底降到零就开始松高压锅上盖。等拧最后一圈的时候，只听发出“嘣”的一声闷响，吓了小明一跳。小明平复了一下心绪，开始把高压锅中灭完菌的耗材往外拿。然而就在小明将锥形瓶拿出高压锅的一瞬间，瓶口的橡皮瓶塞随着瓶中的液态喷出。小明慌忙躲闪，但还是免不了身上被烫伤。

幸好其他实验人员离高压锅较远，免于误伤。随后又发现高压锅内的玻璃试剂瓶由于高压前没有松开瓶盖，导致瓶底部破裂，所盛培养基流出。为避免造成排水管堵塞，其他人员把高压锅和排水管中的水放掉后又重新用自来水冲了几次。小明不仅没按预期的计划完成实验，身上还留下了几个终生难忘的“烙印”。

事件分析

（1）降压到零的阶段应注意不要使压力降低太快。造成此现象的原因是在较长的加热和保压过程中，灭菌锅和瓶作为一个系统处于相对平衡状态，当蒸汽灭菌锅的压力达到 0.165MPa 时，瓶内液体的压力也为 0.165MPa；当限压阀开启后，灭菌锅的压力在短时间降到 0.14MPa，但玻璃瓶中液体的压力仍为 0.165MPa，与玻璃瓶外的压力差为 0.025MPa，即液体内部的压力大于液体表面的压力，符合液体沸腾的条件，从而发生沸腾现象，液体溢出。当压力降低过快，容器内外压力差达到一定数量值时，容器中的液体产生喷射现象。而且降压到零的过程也在进行杀菌，人为快速降压会降低灭菌效率，这样操作在处理某些病原体的时候会具有一定风险。

（2）在打开高压锅上盖之前确认高压锅内的压力为 0Pa。高压锅内外压差没有消除，容易造成蒸汽外泄而导致烫伤。压力差过大则可导致爆炸。

（3）待灭菌的容器不能处于密闭状态。试剂瓶或试管在高压前必须将瓶盖或橡皮塞拧松，使容器内的压力与高压锅内的压力保持平衡，从而不易发生瓶体破裂和液体喷射的现象。高压灭菌液体时，容器中所盛液体不能超过容器的 2/3。若发现含有琼脂的培养基流出，请趁着机器还是热的状态下，把水给漏掉，并加入新的水冲洗，重复几次。否则会造成排水管阻塞。

安全事件（二）

小明所使用的是智能高压容器，可以自行检测水位然后决定是否要加热，也不需要手动排气。进实验室的时候，师兄就教了他怎么用，主要是灭菌前一定要看看水是不是足够，灭菌一次后一定记得加水，设定好时间和温度然后启动就可以了。

时间一长，小明每次高压灭菌之前都只是草草确认外筒底部水位了事。这天小明与以前一样：加水，放置需灭菌物品，盖上上盖，按启动键，灭菌器进入升温行程。操作完小明就去干别的事情了，等过了一段时间小明再去看的时候，发现高压锅的温度和压力没有升上去，而且听见有“呲呲”不停往外冒气的声音。他急忙把老师叫了过来，老师一看发现排气阀一直是开着的状态。小明想弥补过错，赶紧去关排气阀，老师马上制止了他:“先别着急压，看看筒底还有水吗？”于是关掉电源，打开高压锅上盖，取出高压物品。这时的高压锅筒底果然已经烧干了！如再继续操作，高压锅就要报废了。

事件分析

本事件中，小明在打开排气阀的情况下开始加热。因为达不到所要的压力，所以加热线圈会一直加热，把里面的水都烧干了。接下来就变成干热，塑胶制的东西会先融化，最后加热线圈会过热，机器可能就此报销。如果遇到这种状况，先关闭加热，再自然降温，再依照一般使用方法，加水、关阀门，还需谨记：

（1）高压灭菌前确认高压锅外筒底部水量充足，同时还要确认排气阀的开关状态。电热式压力蒸汽灭菌器工作时，先在外筒底部加入足量的水，启动电热管通电加热，外筒底部的水在加热管的作用下产生大量的蒸汽，使灭菌器中的温度和压力上升。普通的高压锅需要排气。加热使锅内产生蒸汽，当压力表指针达到一定值时打开排气阀，将冷空气排出。当压力表指针下降至零时将排气阀关好继续加热，锅内蒸汽增加，压力又开始上升。这是因为空气在高温下的膨胀系数远高于水蒸气的，如果在升温阶段不排出空气则灭菌腔内的压力会过大产生危险。而且热空气的穿透率不如水蒸气，也会降低灭菌效果。

（2）在高压锅升温的过程中要随时看守。普通高压锅在等待热蒸汽排出冷空气的过程中不要走开干别的事情，一定要等蒸汽排出将排气阀打下，等温度升至设定温度后才能离开。

安全事件（三）

大熊忙碌了一天，做完实验后，将所有生物垃圾放入垃圾袋封口后放入高压灭菌器中。这时发现，垃圾袋体积太大，灭菌器几乎关不上，大熊用力压了压垃圾袋，终于把盖拧上了。设定好程序就离开了。1 小时以后，大熊回来看见高压灭菌器已经被人打开了，并且贴上了封条，上面写着“设备维修中，请勿使用！”。大熊心里想“坏了，是不是我把高压灭菌器弄坏了？那里面的垃圾哪里去了，会不会污染环境，我该怎么办呢？”大熊赶紧找到了指导老师，首先向老师承认了错误：“是我弄坏了高压灭菌器，我现在不知道垃圾怎么处理的，很担心！”

事件分析

指导老师指出了大熊在操作过程中的错误。第一，大熊在高压灭菌器中放入的高压灭菌物品过多、过满，导致高压灭菌器内的气体流通不畅，不能达到彻底灭菌的作用。第二，挤压高压灭菌物品后关上灭菌器的盖子，灭菌器可能密封不严，气体外泄，影响灭菌效果。第三，大熊没有登记高压物品名称，没有在高压物品上贴灭菌指示条，无法判断是否已彻底灭菌，取出没有灭菌彻底的物品会污染环境。第四，大熊没有在仪器运行后进行观察，在开启仪器后就离开了，在发生仪器运行故障时不能及时停止仪器导致仪器损坏。

正确的操作要求包括灭菌包不宜过大、不宜过紧，各包裹间要有间隙，使蒸汽能对流易渗透到包裹中央，同时注意放入物品不宜过多。设定灭菌程序，启动后不要马上离开，观察仪器正常运行后方可离开。灭菌包外应贴有灭菌指示条，并应根据规定登记灭菌物品名称。

安全事件（四）

一天，魏师傅看到牛师傅摆开阵势将一个高压蒸汽灭菌器大卸八块，正用焊枪焊接着什么。上前询问才知道，昨天在使用高压蒸汽灭菌器时发现压力达不到要求，温度也上不到 132℃。负责仪器检修保养的牛师傅仔细检查后发现，高压蒸汽灭菌器底部出现了一个小裂缝。

问题找到了，仪器的维护和维修是牛师傅的拿手好戏。牛师傅找来了焊枪，想着很快就会将高压蒸汽灭菌器修复如初，既省时、又省钱，何乐而不为？没想到，牛师傅马上被叫了停。一番解释后，牛师傅恍然大悟，自叹差点好心犯了错。

事件分析

高压蒸汽灭菌器是实验室消毒灭菌的特殊设备，涉及高温、高压，且对产品有预防风险发生的特殊要求。一旦仪器损毁常常造成严重后果，对此类设备产品，非专业、非授权人员不允许进行任何开装、修理、改装等，这样可以从根本上杜绝可能风险的发生。

防范措施

（1）操作人员和维护仪器的相关人员应进行高压蒸汽灭菌器的安全培训并取得高压蒸汽灭菌器使用上岗证，了解设备的使用、维护、修理等基本要求。一旦发生故障等问题，应及时求助专业人员或单位管理部门。

（2）严格按照操作规范进行操作，并及时记录仪器状态。

（3）不要装入太多灭菌物，否则会堵住蒸汽导管孔和温度传感器，导致温度和压力一直上升，使灭菌锅处于危险状态（缸体爆炸），很可能会出现人员伤亡。如果出现这种情况应及时断电。

（4）避免灭菌锅处在高温状态时操作人员不小心碰到机壳导致烫伤。

（5）要使用可耐高温、高湿的塑料等容器进行灭菌，防止使用不耐高温的塑料容器而使其溶化，堵住蒸气导管孔造成危险。

（6）做感染性实验灭废弃物时，需用塑胶袋包紧并且以不锈钢网桶装着，以免灭菌时袋子破掉，内容物流出。若灭菌后发现有内容物流出，请趁着机器还是热的状态下把水给漏掉，并加入新的水冲洗，重复几次。若没有马上处理，将造成排水管阻塞，里面的水无法排出，水位会越来越高，最后要换掉整个排水管。

（熊　竞　鲍琳琳　魏　强）

第三节　意外伤害——实验室紫外灯

背景知识

紫外线主要是通过对微生物（细菌、病毒、芽胞等病原体）的辐射损伤和破坏核酸的功能使微生物致死，从而达到消毒、灭菌的目的。紫外线可以杀灭各种微生物，包括细菌、真菌、病毒和立克次体等。一般来说，革兰氏阴性菌对紫外线最敏感，其次为革兰氏阳性菌中的球菌，细菌芽胞和真菌孢子抵抗力最强。病毒也可被紫外线灭活，其抵抗力介于细菌繁殖体与芽胞之间。然而，过度的紫外线照射对人体是有害的。紫外线强烈作用于皮肤时，可发生光照性皮炎，皮肤上出现红斑、水疱、水肿等，严重时还可引起皮肤癌。紫外线作用于中枢神经系统，可出现头痛、头晕、体温升高等。紫外线作用于眼部，可引起结膜炎、角膜炎，成为光照性眼炎，还可诱发白内障（图 9-6）。

图 9-6 实验室在工作期间不要打开紫光灯

依据《中华人民共和国国家标准（GB19489）实验室生物安全通用要求》，针对紫外线和激光光源（包括高强度光源的光线）的要求中涉及，在使用紫外线和激光光源的场所，应提供适用且充分的个人防护装备，应有适当的标识公示。应为安全使用设备提供培训。这些光源只能用于其设计目的。

安全事件

夜晚眼睛一阵阵的刺痛让大熊从沉睡中醒来，这时眼睛已经不能睁开，光线的刺激使疼痛加强。在家人的搀扶下大熊赶往医院，由于说不清疼痛的原因，医生只是开了些消炎眼药膏就让他回家了。第二天同事到家里看他，大家一起帮他分析生病的原因。大熊回忆了昨天工作的每个细节，当说到配细胞培养液的经过时，突然“啊”了一声说，“我知道了”。

原来大熊在生物安全柜里过滤溶液时，怕操作时间过长造成污染，于是把安全柜里的紫外灯打开了，但换溶液瓶时没有关紫外灯就进行操作，而且为了方便操作，生物安全柜的门帘开得过高。听完大熊的讲述，大家一致认为是紫外灯惹的祸。3 天过去了，大熊的眼睛慢慢恢复，几天的黑暗生活让他懂得紫外灯虽是杀菌的武器，但使用不当也是伤人的利剑（图 9-7）。

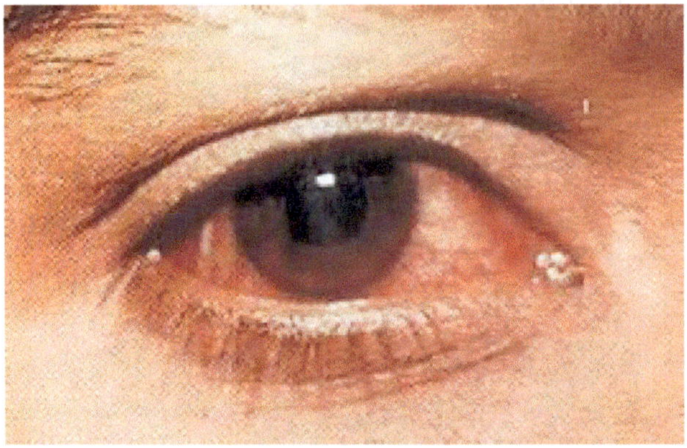

图 9-7 紫外灯辐射导致的结膜炎

事件分析

实验人员有时因为粗心而被紫外线损伤。此例中，大熊对生物安全柜过滤空气的效能不放心，自作主张开着紫外灯进行实验操作，却不知皮肤被紫外灯直接照射，或是在没有任何防护的情况下，近距离注视处于工作状态的紫外灯都会威胁健康（图 9-8）。还见到过实验人员忘记关闭紫外灯，第二天，实验猴睁不开眼睛，面部开始变红，一周内眼睛红肿、惧光，面部脱皮、肿胀、变形，表情极其痛苦，烦躁不安、攻击性非常强。

防范措施

（1）理论学习十分重要，工作人员进行实验仪器操作前必须进行相关知识的学习和培训。

（2）鉴于紫外灯除了应用于生物安全柜外，还多用于实验室环境消毒。实验室若将照明开关和紫外灯开关设置在一起，很有可能引起误操作。因此，紫外灯的开关应有明显的标识，尽量设置在实验室的外面，做到离开实验室

图 9-8　紫外灯

后打开，进入实验室前关闭。

（3）紫外灯有一定的寿命，若不能提供足够的辐射能量需及时更换。使用过程中，还应避免过夜消毒，最好使用定时开关，设定消毒时间。

（蒋　虹）

第四节　手套与把手不能亲密接触

背景知识

手在实验操作中可能被污染，也容易受到“锐器”伤害。在进行有潜在危险的实验操作时，如处理含感染性物质的血液和体液，应广泛使用一次性乳胶、乙烯树脂或聚腈类材料的手术用手套。可重复使用的手套虽然也可以用，但必须注意一定要正确冲洗、摘除、清洁并消毒（图 9-9）。

依据《中华人民共和国国家标准（GB19489）实验室生物安全通用要求》，实验室所用任何个人防护装备应符合国家有关标准的要求。其中，特别提出手套应在实验室工作时可供使用，以防生物危险、化学品、辐射污染，冷和热，产品污染，刺伤、擦伤和动物抓咬伤等。应对实验室工作人员进行选择手套，使用前及使用后的佩戴及摘除等培训。应保证：①所戴手套无漏损；②戴好手套后可完全遮住手及腕部，如必要，可覆盖实验室长罩服或外衣的袖子；③在撕破、损坏或怀疑内部受污染时更换手套；④手套为实验室工作

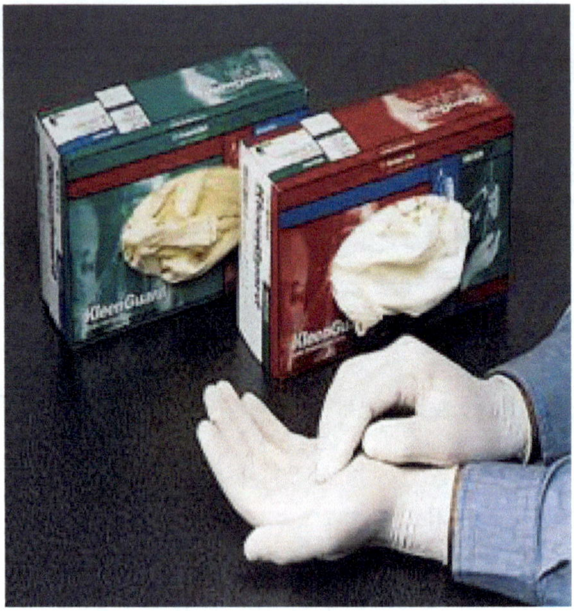

图 9-9　实验时佩戴手套是必不可少的

专用，在工作完成或中止后应消毒、摘掉并安全处置。

安全事件

小明是某医科大学的研究生，主要研究手足口病的新型药物治疗，对于科研他是全身心投入。“五一”放假期间还安排了部分实验工作，预计实验结束后与师兄一家人出去吃饭。小明有一个良好的习惯，进行实验时一般带双层手套。今天用手术剪刀剪封口膜时把外面的手套剪了个不足 1cm 小裂口，里面的手套还完整无缺，感觉没有什么问题就没有更换外面的手套接着做实验。

实验还没完全结束的时候，师兄领着女儿到办公室等小明。小明一听师兄领着女儿来了，特别高兴，摘了外面的手套就打开办公室的门跟小女孩打招呼，还叮嘱小女孩，只能在办公室玩，不能进实验工作区域。小女孩很听话，乖乖地在办公室玩电脑，一直等到小明的实验结束大家才一起去聚餐。

间隔了两天，小女孩发热，体温达 39℃，随后口腔黏膜和手出现斑丘疹，并且食欲不振。后来经医院诊断后是患了手足口病。幸亏治疗及时，小女孩没什么大碍。

事件分析

事后小明和师兄寻找传染源。小明所在的实验室要求很严格，办公区和实验区是分开的。小明的师兄和女儿当日没有去实验区，只在办公室活动，理论上是不会感染上的。当小明回忆起当时的场景时，由于高兴且着急，小明只摘掉了外面的一层手套，没摘掉里面的手套就去开实验室和办公室的门了，走出办公室的时候是五岁的小女孩先开的门。由于小明带着里层手套开门接触了门把手而将病毒传给了小女孩，而吃饭前小女孩也没有洗手，导致这个严重事故的发生。这个事件告诉我们戴着实验用手套，千万不能直接与门把手、电梯按钮等公共区域接触（图 9-10）。

图 9-10　实验后禁止戴手套触摸公共区域

防范措施

事后，小明做了深刻的反省并总结到：在感染性实验结束后，应将手套先消毒再摘除，随后必须洗手。用过的一次性手套应该与实验室的感染性废弃物一起丢弃，手套不得戴离实验室区域，更不能与公用把手、电梯按钮接触。最后建议在实验区域和生活区域的公共把手、电梯按钮旁边贴上“禁止戴手套”的图标（图 9-11）。更为重要的是，无关人员不应被允许进入实验区域。

图 9-11　手套佩戴应规范

（高锡强）

第五节　实验室内的火灾隐患

背景知识

实验室不仅环境、人员复杂，而且使用大量电气设备及挥发性易燃易爆化学品，是发生火灾的高危场所。为了避免和减少火灾带来的损失，必须规范实验室管理，做好灭火方法和逃生技巧的培训，并能熟练使用灭火器材，将火灾损失控制在最低程度（图 9-12）。由于实验室工作性质的复杂性和特殊性，应选择恰当的灭火方法。

如果火势很小，立即就近使用灭火器灭火。如果火势较大失去控制或空气中有毒性物质时，严禁自行灭火，应立即撤离实验室拨打“119”电话请求救援。在救火过程中，未经允许，任何人不准再进入发生火灾的楼房。不论火灾发生大小，都必须向实验室安全管理委员会报告。

图 9-12　消防灭火器

依据《中华人民共和国国家标准（GB19489）实验室生物安全通用要求》，应对实验室工作人员及建筑物内所有人员进行消防指导和培训。内容包括：①火险的识别及评估；②制定减少火险的计划；③失火时应采取的全部行动。现场应配备符合相关要求的适当设备用于扑灭可控制的火灾及帮助人员撤离火场。实验室人员的责任是确保人员安全有序地撤离而不是试图去灭火。应寻求消防部门援助。

安全事件

盛夏的中午，大熊吃过午饭走进实验室。天真热，虽然开着空调，但是被几个大功率的仪器包围着，一点儿也不觉着凉快。隐隐的，伴着一股煳味，闻到一股烧焦了东西的味道。味道越来越浓，大熊觉着不对劲儿了。循着味道找过去，在实验室尽头，一台卧式低温冰箱正在冒着烟，味道正是从那里传过来的。大熊急忙跑过去，天哪，冰箱着火了，背靠的那面墙已经被熏黑了。大熊急忙跑到办公室找老师。老师抄起门后的灭火器，第一时间跑到实验室，先戴上厚胶皮手套拔掉了冰箱的电源，撕掉灭火器的安全铅封，拔掉保险销，对着冰箱后部着火点一阵狂喷，火灭了（图 9-13）。

幸好发现得早，要不然真是一场灾难啊！

事件分析

本事件中，夏季高温、电器老旧，易引起电线短路和打火，这是导致夏季

图 9-13　正确使用灭火器

起火的主要原因。实验室内使用明火、电加热器、电炉、电源、仪器散热不畅等均是隐患，不能掉以轻心。实验室安全员应加强仪器设备的维护保养、日常巡视，正确配置适用于实验室复杂情况的灭火器，并保证灭火器在保质期内。

防范措施

（1）应明确实验室火灾的常见原因，了解实验室隐患源，及时消除安全隐患，主要包括：电量超负荷、电路系统老化、仪器在停机状态长期未关闭电源、通气管道老化、易燃易爆物品使用和储存不当等。

（2）正确配置适用于实验室复杂情况的灭火器，定期更换灭火器，保证灭火器在保质期内。

（3）工作人员每日上下班应检查电源线、插销、插销板的完好状况，检查有无乱拉乱接电源线的情况，在下班前确保切断工作场所内非必要用电设备的电源。

（4）所有人员应学会报警，正确使用灭火器。发现火情迅速关电源，利用身边的灭火器材灭火。

（5）熟悉疏散逃生路线，掌握火场自救逃生基本技能，如用湿毛巾蒙口鼻、匍匐撤离等。

（6）掌握本岗位应对潜在火灾危险性的操作规程和防火措施，熟悉消防法律和法规。

（向志光）

第六节　酒精！酒精！好坏只在一瞬间

背景知识

酒精学名乙醇，是一种无色透明、易挥发、易燃烧，不导电的液体。在医学及生物学实验室中，酒精按浓度通常有以下两种用途。95% 的酒精用做试剂（图 9-14）；75% 的酒精，即我们常说的医用酒精，用于灭菌消毒，主要包括皮肤消毒、医疗器械消毒和环境消毒。然而，如使用不当，酒精也能给我们带来安全隐患。

图 9-14　酒精灯是重要的火源

操作注意事项：

（1）酒精灯内的酒精不能少于其容积的 1/4，也不能装得太满，以不超过容积的 2/3 为宜。

（2）燃着的酒精灯，若需添加酒精，必须熄灭火焰。绝不允许燃着时添加酒精否则很容易着火，造成事故。添加酒精时一定要借助个小漏斗，以免将酒精洒出。

（3）用火柴或打火机点燃酒精灯，绝不能用一盏酒精灯去点燃另一盏酒精灯，否则易将酒精洒出，引起火灾。

（4）加热完毕或要添加酒精需熄灭灯焰时，可用灯帽将其盖灭，如果是玻璃灯帽，盖灭后需再重盖一次，放走酒精蒸气，让空气进入，免得冷却后盖内造成负压使灯盖打不开；如果是塑料灯帽，则不用盖两次，因为塑料灯帽的密封性不好。绝不允许用嘴吹灭。

安全事件

研究生大熊今天准备跟着师兄做细胞培养了，内心很是激动。耐着性子听师兄讲解完无菌操作的原则后，大熊迫不及待地穿上防护服，戴好帽子、手套，随着师兄进入无菌室。

宽敞明亮的生物安全柜已经准备好了，师兄让大熊坐在旁边。大熊不敢乱动，乖乖坐下，生怕扰乱气流，污染了实验。一扭头，他见一个喷壶挂在安全柜边上，上面写着“75% 医用酒精”，模模糊糊记得刚才师兄说了，双手要先用 75% 的医用酒精消毒后才能进入生物安全柜。大熊灵机一动，伸手拿过酒精喷壶，“啪啪”一摁，嘿，还真好使。

“啪啪啪”，喷完了左手，喷右手，余光一瞄，师兄似有赞赏之意。“瞧，咱学东西就是快！”这一乐，大熊就又摁了几下，眼瞅着雾状的酒精聚成水滴，顺着手腕滴下来，才赶紧住了手，学着师兄的样子双手摊开晾了晾。师兄一看大熊，“孺子可教”，于是吩咐大熊：“把酒精灯点上。”“好嘞！”大熊眼珠一转，已经看到台子右手边放着一个打火机，左手取下酒精灯盖，右手抓过打火机“啪”的一摁，顺势往灯芯上一燎，一串动作是干净利落，只听得“啊”一声惨叫，再一看，大熊举着两只手，手上浮动着若隐若现的蓝色。不好，着火了。

大熊不知所措，兀自举着手到处乱甩，像是要把火苗甩掉。还是大师兄，不知从哪儿变出一块湿抹布，就这么往大熊手上一扑，一拍，火灭了。大熊心有余悸地瞅瞅自己的手，还好，除了有些灼热的感觉外，没有其他不适，手套也还完好无损。“你这回可是彻底消毒了”。师兄开玩笑地说。大熊不好意思地说：“怎么会着火呢？不是燃烧酒精的浓度都是 95% 吗？ 75% 的酒精也会着啊，还有我就喷了几下，还晾了一会儿，应该都挥发了呀？”“这喷的还少啊！”师兄指了指地上一片水渍，“消毒是对的，但不能无限度。浪费不说，喷洒了过多酒精，造成火灾隐患就相当危险了。一般情况下，酒精浓度在 35% 以上就可以燃烧，浓度越大越容易着。还有，一旦手上着了火，不能乱甩。如果不小心甩到其他易燃、易爆品上，就会酿成更大的事故。用个湿布盖上就可以了”。大熊听了师兄的话，不好意思地晃晃脑袋，“师兄，其实我也知道，只是刚才一着火就慌了。哎，我太笨了！”“不是笨，只是你初进实验室，安全意识不强，你以为我没犯过错误吗？”“你，师兄你还犯过这种错误哪！”“我的错误可比你这个大多了，既然说起来，我就讲给你听听。”

几年前，我刚进实验室。一天，正在超净工作台内做细胞操作，突然，“砰”一声巨响，定睛看时，只见玻璃酒精灯裂成几个碎片散落在台面上，酒精洒得到处都是，幽幽的发着蓝光，不时有东西掉落下来。抬头看见超净工作台上层的隔板也溅上了酒精，正在燃烧融化，化掉的隔板正像蜡油一样滴落在台面上，很快熔成几个洞。

我慌了神，抬眼四下寻找可以灭火的东西。突然看见身后的实验台上有一个锥形瓶，里面装着无色透明的液体。“磷酸盐缓冲液（PBS）”脑子里一个念头闪过，“正好灭火！”我不假思索地拿起瓶子，就准备往台子里泼。“不能泼！”随着一声吼，老师冲了进来，手上拎着几块抹布。只见他抬头看了看台内顶部隔板，麻利地将抹布外台面上一铺，顺手又往顶上按了几下。“好了。”我兀自发着呆的功夫，火已经灭了。

这时，师姐跑了进来，一把抢过我手中的瓶子，“吓死我了，这里是我刚配好的 75% 酒精！”“什么，酒精？”我又是一身冷汗，“我还以为是缓冲液呢！”“就是缓冲液也不能用来灭这个火。”老师说：“不能用水灭酒精的火，因为酒精轻浮在上面，不但不能灭火，反而会扩大过火面积。一般情况下，可以先用灯盖将酒精灯熄灭，再用湿的抹布将仍在桌面上燃烧的酒精盖灭，使用沙子等也是可以的。”“那用灭火器可以吧，门后面有灭火器。”“二氧化碳灭火器、泡沫灭火器是不能用来灭酒精引起的火的，干粉型灭火器可以。但是这种做法不太经济，有些大材小用的感觉，而且干粉好像只能用一次就要补充，不然下次就不能用了。再有，咱们这个超净工作台，如果喷了干粉，恐怕粒子数就要超标，都不知道要如何收拾才能够合格再使用了。火是灭了，代价太大了。”

听了师兄的故事，大熊点了点头，“没想到酒精还能惹这么大的祸，真是……”

事件分析

（1）一般情况下，酒精浓度在 35% 以上就可以燃烧，浓度越大越容易着。因此，使用 75% 酒精消毒时，应远离火源。

（2）酒精量太少则灯壶中酒精蒸气过多，易引起爆燃；酒精量太多则受热膨胀，易使酒精溢出，发生事故。

防范措施

（1）尽量避免使用玻璃酒精灯，可以选择不锈钢等材质的酒精灯。如果无条件，则需严格遵守使用规定。

（2）使用医用酒精消毒时，应远离火源。

（3）大量酒精的储存，应避免高温，远离火源。同时储存酒精时需配备干粉灭火器。

（4）盛易燃物的容器必学有明确标示，不可用其他带有原标示的容器盛易燃物。

（向志光）

第七节　难以接受的洗眼器

背景知识

依据《中华人民共和国国家标准（GB19489）实验室生物安全通用要求》，在处理危险材料时应有许可使用的安全眼镜、面部防护罩或其他的眼部面部保护装置可供使用。

洗眼器是生物安全实验室内必备的安全措施之一，一旦眼睛或眼周被异物，尤其是被药物、化学品、毒液、病原污染物（液）意外喷溅、附着后，会造成灼伤、外伤、中毒、感染等情况，应立即冲洗 15 分钟以上，然后视情况或后果评估，到医院进行及时清理、治疗，将眼睛损伤的程度降到最低或避免伤害。

安全事件

有一次，在模拟眼睛被流感病毒培养液溅撒处置的演练中，小明确实用洗眼器冲洗了眼睛 15 分钟。但身旁观察仔细的同学发现小明是紧闭双眼接受冲洗的，根本起不到稀释、冲洗作用，达不到将伤害降低到最低程度要求，而且耽误了最佳急救时间（图 9-15）。

图 9-15　眼睛是身体薄弱部位，掌握正确的洗眼方式

事件分析

经过询问，小明实话实说，平常连眼药水都滴不到眼睛里，何况是大量的流水呢？仔细一想，确实如此，眼睛是人体重要器官，俗话说眼里揉不进沙子，正因为眼睛周边组织非常敏感，通过眼泪及时排出异物，眼睛才得以明亮如镜。看来只重视程序本身，缺乏实际操作训练、培训是不行的。

防范措施

（1）对于正确使用洗眼器，我们必须进行有效的实际操作训练（图 9-16）。实际上，让眼睛适应流水非常简单。每天洗澡后，淋浴时睁开眼睛，逐渐麻痹

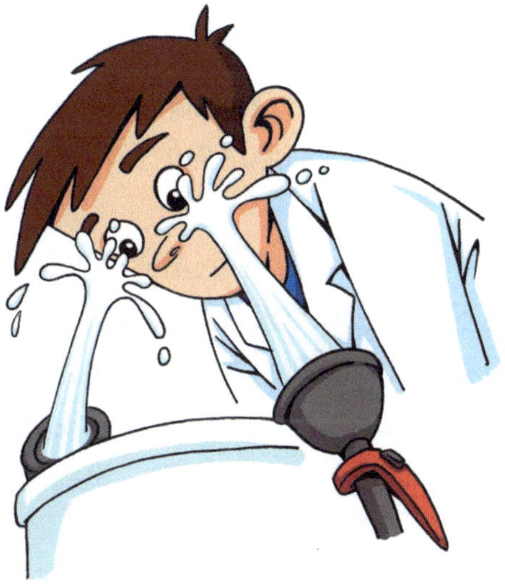

图 9-16　正确使用洗眼器

眼睛周边组织，三、五次后就适应了。所谓“平常多练，用时精炼”，就是这个道理。

（2）洗眼器要经常检修，避免不出水或压力过大，喷水而出，伤害眼睛。

（魏　强）

第八节　让潜伏在孵箱/培养箱角落的“敌人”无藏身之地

背景知识

孵箱、培养箱通过对温度、湿度和 CO_2 浓度的控制，为细胞、组织的体外培养提供稳定的培养环境。然而，针对培养过程中细胞面临的各种污染物，各类培养箱的控制方式和效果不尽相同。对于细胞来说，非常理想的培养环境同样也适合这些污染物的生存，培养箱本身是不会辨别的，因此细胞在体外培养中最大的威胁实际上是污染问题。细胞培养过程中将近 80% ～ 90% 的时间细胞都是位于培养箱内的，因此培养箱内能否抑菌或灭菌非常关键。孵箱、培养箱中的主要污染源为细菌、真菌（霉菌和酵母菌）、病毒、支原体等（图 9-17）。

安全事件

大熊的同学在他邻近的实验室，最近需开展细胞实验。自己想学习一下细胞培养相关的实验，大致了解了细胞培养的操作流程后，自信满满地开展相关实验了。

几天后，大熊和他同学打开孵箱，看到培养瓶中已培养了 20 多天的培养液又是黄黄的，觉得很不错，想着今天又可以传代了。可是在镜下一看，细胞虽然明显增加了，但并没有像以前那样长满，而且培养液中出现了许多黑色的小点，杆状，好像在动来动去，细胞的活力也没有以前好了，第一反应会不会是细胞老化、破碎？请指导老师过来看，说细胞应该是被污染了。为了证实是否污染，作了滴片，镜下暗视野 40 倍可见一个个亮白色芝麻样的东西在游来游去，并且可以见到芽胞样的形状，确定无疑是真菌。

图 9-17　实验室废弃物往往成为污染源，要注意及时清洁

事件分析

培养细胞被污染最直接的原因往往是孵箱、培养箱环境被污染，其次是操作过程中的生物安全柜环境被污染。这些设备被污染又往往是实验室环境存在污染生物所致，特别是天气太热、湿闷，环境微生物容易集聚、生长，加之实验者在培养、接种或换液时操作不当，很容易导致培养物污染的发生。

防范措施

污染是细胞培养中的一个大敌，一旦污染，前功尽弃！要进行细胞培养，首先一定要有强烈的无菌意识。操作中要严格遵守操作规程，不要怕麻烦，越细心越好。操作应注意以下几点：

（1）注重培养室的环境卫生，尽量保持“无菌”环境，培养良好的无菌观念。大部分的污染都是可以通过环境控制避免的。

（2）真菌多数是空气中的悬浮污染，所以除紫外线照射外，每次进出培养间要用来苏或新洁尔灭擦地、清理台面，减少空气悬浮细菌颗粒。

（3）保持孵箱、培养箱环境清洁，定期进行表面消毒灭菌。

（4）加强人员培训，避免因操作问题导致的污染。

（赵长城）

第 10 章

来自实验室意外事故的可能风险

第一节　实验室的爆竹——试管爆裂

背景知识

在微生物实验室，冻存管常用于细胞、毒（菌）株、感染性样品的收集及保藏，是实验室最常用的容器之一。冻存管的材质多为聚乙烯，分为耐低温和非耐低温型，根据冻存管帽盖又分为内旋盖和外旋盖型，内旋冻存管为气相液氮中冻存样品而设计，管口硅胶垫增强了冻存管的密封性；外旋冻存管为机械设备如冰箱中冻存样品而设计，外旋盖的螺纹盖可以降低处理样品时的污染几率。在超低温度下，任何的密封材料都变得异常脆弱，理论上只要是机械密封就存在泄漏的危险，为了防止泄漏产品的危险，机械密封的冻存管必须密封在保护袋中。而如果不恰当的使用冻存管，冻存管不耐低温而裂开，样本泄露在液氮罐或低温冰箱中，或液氮罐中的液氮可能进入到冻存管内，从低温中取出冻存管时，由于外界温度高，其温度差则可能发生冻存管炸裂。

试管破裂导致的生物危害多种多样，如对人体的物理损伤、接触感染等。而对于微生物实验室，试管破裂导致的微生物气溶胶是不可忽略的严重危害之一。气溶胶是固态或液态特定大小的微粒悬浮在气体介质中形成的分散体系，其大小为 0.001 ～ 100μm；当微粒是微生物时，就是微生物气溶胶；如果这种微生物是致病性的，就是病原微生物气溶胶，当工作人员吸入该气溶胶，便可能引起实验室感染（图 10-1）。

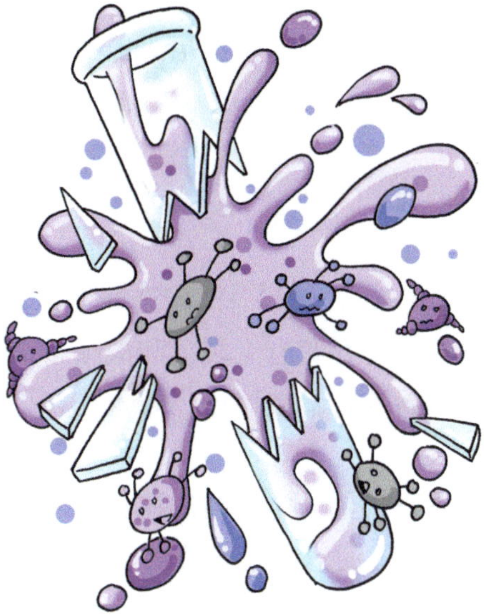

图 10-1　冻存管爆裂危害大

安全事件

有一次，带教老师让小明冻存某贴壁细胞，并告知了使用的试剂和耗材。于是，小明非常认真地按照老师之前教的细胞冻存方法操作，先弃去培养液，胰蛋白酶消化，细胞计数，然后缓慢加入细胞冻存液。在最后分装的时候，小明发现细胞冻存管不够了，为了不浪费细胞，小明在实验室到处寻找，功夫不负有心人，小明在一个抽屉的角落找到了一小袋来源不明的“冻存管”，分装后按照慢速冷冻方法进行冻存，并做好了记录。过了几天，小明需要扩增一批病毒，需要使用这些细胞了，他从液氮中拿出细胞，刚要放入 37℃水浴中摇晃，就听见“乓”的一声，冻存管爆炸了，碎片四溅，空气中弥漫着一片薄雾，万幸的是，小明和周围的实验人员未被试管碎片划伤。冻存管爆炸产生大量的气溶胶，如果是病原微生物气溶胶，后果不堪设想。带教老师立即进行了现场处理，并帮助小明认真地总结了这次事故的经验教训，坚决避免这种事情再次发生。

事件分析

冻存细胞或菌（毒）株的过程中，冻存管发生爆炸一般是由于使用了不耐低温的冻存管，或液氮进入冻存管。小明无用了所谓冻存管，导致事件发生。购买时应根据自己的需要选择合适的冻存管，普通冻存管不能用于液氮冻存，放入液氮保藏必须是密封、耐低温的专用冻存管。液氮进入冻存管，其原因主要有三个：即冻存管未拧紧、密封垫丢失或损失、冻存管质量不合格。细胞冻存时液氮渗进冻存管后，遇 37℃水浴复苏时管内液氮气化体积急剧膨胀，从而引起爆炸。

防范措施

（1）在液氮中冻存细胞或菌（毒）株，应选择密封、耐低温的专用冻存管。

（2）冻存前要仔细检查冻存管有无裂痕和破损、密封垫是否丢失、冻存管是否拧紧，用封口膜密封冻存管接口处，装入冻存袋后放入液氮罐中，避免液氮进入冻存管。

（3）如果是冻存的菌毒种，一定要控制在相应实验室环境中，在复苏前需要明确一旦出现冻存管爆炸的消毒处理措施。

（王　卫）

第二节　易碎容器——感染性物质溢出

背景知识

细胞培养技术是生命科学研究的关键技术之一，被广泛应用于生物制品的生产（如制备单克隆抗体）、转基因动物、有毒物质检测、器官移植、筛选抗癌药物及进行医学研究等方面，细胞培养还是分离和培养病毒的有效手段。

病毒接种到细胞后，在收获扩增的病毒时，需要将细胞反复冻融多次。在进行细胞冻融时，细胞内会形成冰粒，会导致剩余胞液的盐浓度增高，并引起细胞溶胀破碎，从而使细胞内的病毒充分释放出来。因此，在细胞冻融时应选择质量可靠的冻融瓶皿，以防在反复冷融时发生破裂。万一不慎出现破裂，严格根据卫计委印发的《人间传染的病原微生物名录》中危害等级，遵照《病原微生物实验室生物安全管理条例》和《生物安全实验室标准操作程序》进行处理。

不慎发生实验室病原体泄漏时，应明确消毒的病原特性，具体分析引起感染的途径、涉及的媒介物及病原微生物的种类，有针对性地使用消毒剂。实验室消毒剂可分为以下几类：①凝固蛋白类消毒剂，包括酚类（苯酚、来苏、六氯酚等）、酸类（乳酸等）和醇类（75% 酒精、异丙醇等）；②溶解蛋白消毒剂，主要为碱性药物，如氢氧化钠、石灰等；③氧化蛋白类消毒剂，包括含氯消毒剂和过氧化物类消毒剂（过氧乙酸、过氧化氢等）；④阳离子表面活性剂，如新洁尔灭等。⑤烷基化消毒剂，包括福尔马林、戊二醛、环氧乙烷；⑥二氧化氯；⑦其他，如碘、洗必泰等。

安全事件

小明最近用细胞扩增鼠痘病毒，今天到了收获病毒的时候，他从二氧化碳恒温箱中拿出细胞培养瓶，拧紧细胞瓶盖，放 -80℃冰箱冻存细胞，之后从 -80℃取出细胞培养瓶放在普通实验室操作台上室温融化，开始并没有什么异常，等了四十多分钟后，小明准备进行第二次冻融时，发现实验台上、地面上都是融化了的细胞培养液。小明赶忙穿上实验服，戴上手套想把细胞培养瓶拿到生物安全柜里，没想到当他拿起细胞培养瓶时，培养液又漏洒的到处都是。小明仔细看看培养瓶才发现，细胞培养瓶的底面有条裂缝。可能是细胞瓶在 -80℃时冻裂了，培养基融化后就漏了出来。小明赶紧用浸透了 75% 酒精的专用棉垫覆盖 30min，然后用纸巾把实验台和地面都擦拭干净，又喷了几遍 75% 酒精，觉得这样可以放心了。随后小明把漏了的培养瓶用生物安全袋装好后放入实验室的垃圾桶里，又把生物安全柜用 75% 酒精擦拭干净后打开紫外灯照射消毒。小明这才安心地离开。

事件分析

本次事件中小明的错误操作主要有四处：一是在进行病毒冻融前，未做好防护措施，应将细胞培养瓶放在铺好尿不湿的生物安全柜中解冻；二是未选用可耐反复冻融的细胞培养瓶，导致细胞培养液漏出；三是酒精适用于表面消毒，不是对所有的样本、所有病毒、细菌都敏感，在实验操作前要充分了解病原的特性及消毒剂的适用范围；四是扩增病毒用的细胞培养瓶、漏出的培养液、用过的移液管等都要放到指定的可高压灭菌型生物废物垃圾袋中，实验结束进行高压灭菌处理，不应该随意扔至普通垃圾桶内（图 10-2）。小明的事件间接反映生物安全实验的培训和管理还有待改进的地方。

防范措施

（1）实验人员参与有关活菌毒株的工作之前，必须要接受实验室生物安

图 10-2　操作台面上的危险品处理要依规执行

全培训，考核通过后方可获准进行病原体操作。

（2）根据《人间传染的病原微生物名录》了解所操作的病原危害等级，明确感染性材料操作相关的风险识别点、菌毒株特性及实验室发生病原泄漏时应采用的紧急措施。

（3）熟悉所操作病原体的敏感消毒剂，如杀灭鼠痘病毒用 2% 氢氧化钠、0.5% 福尔马林、3% 苯酚，操作毒株的实验室需在人员离开后打开紫外灯照射至少 30min。

（4）一旦发生病原体泄漏后应及时通知安全负责人，事后应记录在案。

（李雨函）

第三节　口罩防护——最后的防线

背景知识

实验室中的很多试剂是有毒、有挥发性的，一旦经过皮肤黏膜被吸收，或经呼吸道被吸入，可导致实验人员健康受损。如配制十二烷基磺酸钠聚丙烯酰胺凝胶电泳（SDS-PAGE）胶的试剂，大多是有毒且具有挥发性，少量的吸入可能不会立刻产生反应，但是吸入量大时会出现神经反射减弱或有障碍。此外，实验操作过程中，可能产生的微生物气溶胶，一旦被吸入到人体，可感染致病。因此，对于经呼吸道吸入的有毒害物和致病微生物，我们需要佩戴口罩进行防护。

世界上最先使用口罩的是我国人民。这在马可波罗游记中就有记载。他说，在元朝的宫殿里，“献食的人，皆用绢布蒙口鼻，俾其气息不触饮食之物”，这种蒙口鼻的绢布，就是最原始的口罩。1897 年，德国人德奇介绍大家用一层纱布包住鼻子、嘴巴，防止细菌感染。以后，有人做了一种六层纱布的口罩缝在衣领上，用时前翻罩住口鼻。不久又有人在口罩两边装上带子，缚在耳轮上，这就成了今天的口罩。

口罩发展到今天，根据不同的防护目的，已分门别类。需要选择不同的口罩，进行正确佩戴。目前，口罩按用途分三大类：颗粒物防护口罩、医用外科口罩和医用防护口罩，GB2626—2006 是颗粒物防护口罩工业产品生产许可证认证管理所依据的强制性国家标准。也有三个过滤效率级别，分别是 90%、95% 和 99.97%，滤料分 KN（适合防非油性颗粒物）和 KP（适合防非油性和油性颗粒物）两个类别。医用外科口罩的生产必须按 YY0469—2004 国家强制标准生产。根据 GB19083—2010，医用防护口罩设有三个过滤效率级别，分别是 95%、99% 和 99.97%，都只适用于非油性的颗粒物，这符合医院环境防护的颗粒物不具有油性物质的特点。市售口罩具体分类为：①纱布口罩：仅能过滤较大之颗粒，仅适平时清洁工作时使用。②外科口罩：可阻挡 90% 以上 5 微米颗粒，适用有感冒发烧咳嗽等有呼吸道症状时、前往医院电影院等不通风之场所时使用。③活性炭口罩：可吸附有机气体及毒性粉尘，不具杀菌功能，适用于喷漆作业或喷洒农药时。④ N95 口罩：可阻挡 95% 以上次微米颗粒，呼吸阻抗较高，适合防护微生物颗粒或 PM2.5 颗粒等。根据防护的目标有毒害物，选择合适的口罩。

安全事件

小明近期要做 Western blot 实验，穿上实验服后，想着自己刚洗过手了，就别戴手套了。然后直接把他所有要用的试剂都准备好，放在普通实验台上后开始配制 SDS-PAGE 胶，将双蒸水、丙烯酰胺、三羟甲基氨基甲烷（Tris）、十二烷基硫酸钠（SDS）、过硫酸铵（APS）、四甲基乙二胺（TEMED）一一加入容器内混匀。正在这时候，小明的师姐小华走进实验室。看到小明制备

SDS-PAGE 胶的操作，小华迅速戴上口罩和手套，走过来严肃地对小明说:“怎么在这儿制胶呢？还不带口罩和手套！你这是慢性自杀呀！”小明一头雾水，平时和颜悦色的师姐怎么突然这么严肃，他根本还没意识到自己哪里错了。

小华见小明还没反应过来，也没马上解释。她先让小明戴上手套、口罩，把制胶用的所有试剂和材料都搬到通风橱里，同时打开实验室通风设备。然后小华叫小明先从实验室出来，到走廊换换气，并解释说：“我们制作 SDS-PAGE 胶所用的试剂中有好几种都是挥发性或有慢性毒性的。丙烯酰胺是非常强烈的神经毒剂，并且它的作用是有累加效应的，可以经皮肤、呼吸道吸收，引起神经系统退行性变化，影响学习、记忆、认知能力。除此之外，丙烯酰胺还有生殖、发育毒性。丙烯酰胺进入体内，在细胞色素的作用下，生成活性环氧丙酰胺。

环氧丙酰胺与 DNA 上的鸟嘌呤相互作用形成加合物，导致遗传物质损伤和基因突变。因此，丙烯酰胺被认为是一种可能致癌的物质。你没看见丙烯酰胺瓶子上还有个骷髅头标志吗？除了丙烯酰胺，其他的东西也是有毒的。SDS 对黏膜和上呼吸道有刺激作用，刺激眼睛和皮肤，会引起呼吸系统过敏性反应。TEMED 有腐蚀性、挥发性。而 APS 对黏膜有腐蚀作用，吸入后引起鼻炎、喉炎、气短和咳嗽等，眼睛、皮肤接触可引起强烈刺激、疼痛甚至灼伤。长期皮肤接触可引起变应性皮炎。”没等小华说完，小明感叹道：“太可怕了！”小华接着说：“实验室里一定要了解所用试剂的特性，不然很容易犯今天这样的错，弄不好会后悔一辈子的。”

事件分析

本次事件中小明的错误操作主要在于在进行实验操作前没有事先了解实验试剂的毒性及挥发性，以及操作所需的防护措施，导致配制 SDS-PAGE 胶时未进行有效的个人防护，如戴口罩和手套，也没在通风橱内操作（图 10-3）。从上述操作可以看出，小明缺乏实验室安全操作培训，无安全操作的意识和应对办法，间接说明实验室在执行《实验室安全操作条例》管理上仍有改进的地方。

防范措施

（1）进入实验室前的安全操作培训必不可少，包括常用化学和生物试剂的操作安全、防护措施、意外事故处理和管理办法。

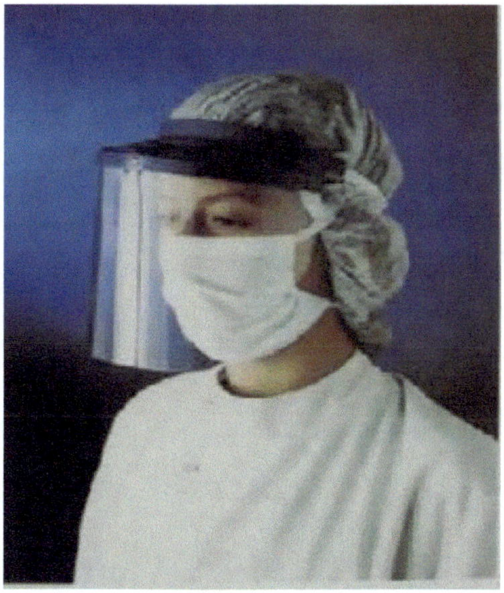

图 10-3　口罩是常用防护装置，有的实验还需要戴防护面罩

（2）在实验室开展工作前必须了解所用试剂的特性，评估适合自己的防护用品，掌握正确的防护品使用方法，操作时选择合适的手套、口罩及护目镜，使用易挥发的有毒试剂时必须在通风橱内操作，称量有毒粉末状试剂时需在专用的天平上称量。

（3）若不小心接触到有毒试剂，应立即做好补救措施。若未佩戴口罩导致吸入毒性粉末，应尽快离开现场到空气新鲜处，严重时需就医。另外，SDS 遇明火和高温会燃烧，APS 受高温或撞击时易发生爆炸、燃烧，此时需用干粉灭火。

（李雨函）

第四节　生物安全实验室里防水灾

背景知识

水是生物安全实验室里进行清洁和实验的必需品，也是我们应当珍惜的资源。我们的生活离不开水，我们的实验也离不开水。但是，水灾也是最常见的实验室事故之一。作为生物安全实验室的工作人员和学生，可以不知道给排水系统的设计、设备情况，却不可以不安全用水、节约用水。生物安全实验室水灾一般是由于人为过失或意外情况造成的水大量溢漏，未经排水系统排出，除了浪费大量水资源外，轻则影响实验室日常工作的进行，重则毁坏仪器设备，也可造成电源短路、病原体污染传播等严重后果（图 10-4）。需要根据 GB19489—2008 实验室生物安全通用要求，制定实验室管理制度并培训避免实验室水灾。

图 10-4 大水漫了实验室

安全事件

小明认真地学习每一项实验技术，弄清每一个操作细节，实验操作非常认真细致。在一次进行 SDS-PAGE 实验时，为了得到更好的实验结果，小明降低了电压，并且通上循环水来减少电泳的热效应对结果的影响。从早上 8 点到晚上 10 点，经过一天的努力，小明得到了满意的结果，心中甚是快慰。第二天，小明正在吃早饭，心中计划着下一步的实验，电话铃响了，小明的导师在电话里非常严肃地说："昨晚实验室里发水了，很严重，你是没关循环水吧，马上过来！"小明气喘吁吁地跑到实验室门口，看到室内没有下脚的地方，老师和同学正在清理积水，心中猛地一沉，真的是自己没有关循环水啊！小明急忙加入到清理积水的队伍中，心里琢磨着怎么会发生这样的事呢，就算没关循环水，也该流到水槽里啊，橡皮管我按得挺紧的啊，怎么会脱落呢？

心中盘算着，待会肯定是一顿批评，说不定要写检讨，不过也没多大事，就积点水吗，收拾收拾就好了，下次小心点就是了。小明还在安慰自己，突然听到实验室外另外一位老师很生气的声音，“你们是怎么搞的，发这么大的水，把我的办公室都给淹了，你们去看看，我的书本资料、沙发、电脑都成什么样子了！”小明默默地跟着老师到楼下，一看，水从墙壁上渗流下来，从屋顶上滴了下来，书籍湿透了，键盘上是水，地上也有积水。小明终于意识到事情的严重性，很是鄙视自己的侥幸心理，如果楼下是大型仪器室呢，或者水流到电源的插座里呢？

事件分析

实验室里发生水灾，除了客观原因外，如水管破裂、暖气管破裂，水管漏水等，多是由于相关人员的疏忽大意造成的。循环水接通时间长，到了晚上，水压增大，橡皮管脱落，发生水灾就不足为怪了。而一旦发生水灾，其影响和危害有时会超出想象，因此要重视。除了养成良好的实验习惯外，还应该加强实验室的巡视和管理制度，确保避免实验室水灾。

防范措施

（1）制定严格的实验室安全管理制度，每天的巡视也必不可少，能有效减少水灾的隐患。对于给排水系统出现的问题而引起的水灾，要及时上报维修，日常应当定期检查维护，防止出现问题。

（2）告知维修人员的联系方式，保证 24 小时可以联系到。告知实验室相关人员水阀的位置，在出现水灾后，可及时关闭，减少水灾的严重程度。

（3）养成良好实验习惯，离开时确认水、电、气、门的安全。实验操作完成后应及时关闭水源。同时应有节约用水的意识，要对水灾危害性引起重视。

（谷　昊）

第五节　安全用电——谨防电气事故

背景知识

电气事故是指由电流、电磁场、雷电、静电和某些电路故障等直接或间接造成建筑设施、电气设备毁坏，人、动物伤亡，以及引起火灾和爆炸等后果的事件。电气事故是局外电能作用于人体或电能失去控制所造成的意外事件，即与电能直接关联的意外灾害。电气事故可能造成人身伤亡，以及设备、设施的毁坏。管理、规划、设计、安装、试验、运行、维修、操作中的失误都可能导致电气事故。

按照构成事故的基本要素，电气事故可分为触电、雷击、静电危险及危害、电磁辐射危害及危险、电路故障及电路事故。触电事故是电流形式的能量失去控制造成的事故。电流直接流过人体将造成电击，电流转化为其他形式的能量作用于人体将造成电弧烧伤等电伤。雷击是自然界中相对静止的正、负电荷形式的能量造成的事故。雷击可能引起火灾和爆炸、使人遭到严重电击、毁坏设备和设施、造成大规模停电等。静电事故是工艺过程中及人体活动中产生的相对静止的正、负电荷形式的能量所造成的事故，静电的最大危险是引起爆炸和火灾，静电还会给人以电击，妨碍生产。电磁辐射事故是电磁波形式的能量造成的事故，电磁辐射可能危害人的健康，可能干扰无线电装置，还有引燃的危险。电路故障和事故包括接地、漏电、短路、断线、过载、元件损坏等，电路事故可能导致人身伤亡、设备毁坏、火灾、爆炸、停电等多种危险（图 10-5）。

图 10-5 了解安全用电常识

需要根据 GB19489—2008 实验室生物安全通用要求，以及《电力安全工作规程》国家电网安监【2009】664 号文件、《用电安全导则》GB/T4776—2008 文件，制定实验室管理制度并培训避免实验室电气事故。

安全事件（一）

今天小明在做实验时，把处理好的样品放进离心机里，刚打开开关就断电了。因为以前也出现过这种情况，按经验是实验室电路跳闸了，把闸合上去之后就可以了。送上电后，小明一开离心机开关，又断电了。小明又反复开了几次，仍是不断的跳闸。没办法只能请电工房的师傅来检查，检修师傅拧开螺丝一看，发现离心机内部都是水。问题找到了，原来是离心机进水了，造成了电源短路。没办法只能请专业维修人员来修了。师傅走后，小明就想是哪来的水呢？这个离心机我每次只用 20min，用完后就关机，而且不是低温离心机，水是从哪进去的呢？他努力的回忆昨天实验的每个细节，终于回想起一点和以往不同的地方。由于昨晚实验结束较晚，小明把实验用的冰倒掉之后，为了省事，便随手把盛冰的冰盒放在离心机上了。估计是残留的水分顺着冰盒流进了离心机才导致今天情况的出现。这件事让小明后怕不已，幸亏实验室电路先跳闸了，如果没有这层保护，直接造成短路，会酿成重大后果，看似很随意的一个事情，可能会酿成无法预估的严重后果。

事件分析

以上的案例可能存在以下疏忽的地方：①离心机及用电仪器设备应保持干燥、清洁，远离水源；②实验室跳闸后，应及时找维修人员检查，不应该自己去触碰电源总开关；③实验操作完成后，应及时清场。

防范措施

（1）在实验室中进行实验操作时应按照标准的操作规程进行，实验操作完成后应及时清场。离心机及其他用电仪器设备在使用完毕后要及时断电。

（2）如果发生电路故障，断开电源后，请专业维修人员进行排查、维修。

安全事件（二）

7 月月底的某一天，天气炎热而潮湿，封闭的实验室简直就是一个蒸笼，好在房内安置有一个壁式空调，用来调节室内空气的温度、湿度。不凑巧的是，正好这几天空调的专用插座老化了，还没来得及换新的，小明没有细想就把电脑插座用来替代，结果在做实验的时候，由于插座负荷过大，接线板上不时的嗞嗞冒烟，小明赶紧戴上绝缘手套把电源拔了，避免一场事故发生，现在接线板上还留下黑色印迹，似乎总是在提醒小明要注意用电安全。

事件分析

本起事件小明的疏漏之处在于将大功率电器与普通电器的插线板混用，插线板都有额定电流，不能超负荷使用，否则插座会发热、损坏电器甚至引起火灾。需特别注意，不要将空调、微波炉等大功率家用电器插在额定电流值小的插座上使用。

防范措施

实验室用电的地方非常多，所有仪器的使用培训必不可少，需严格按要求操作不要擅自变动。重点注意：

（1）对于大功率电器一定要使用专用的插座，否则很容易把插座烧毁；对于一些精密仪器必须配备稳压器，否则很容易由于电压不稳定对仪器造成损伤；特殊仪器需要配备备用电源，防止意外断电带来不可挽回的损失。

（2）有些硬件条件无法满足的时候，就要加强监督管理。例如，操作贵重仪器的时候人不离开现场，一旦发现有异常现场（有奇异味道、听到怪异声音或感觉不正常震动等），不要慌张，果断采取处理措施，但是一定要注意人身安全，不要在没有任何保护措施的情况下去处理事故。

（3）另外，养成良好习惯，每天离开实验室之前，仔细检查大、小仪器是否关闭，电源是否断开，如培养箱电源是否正常，倒置显微镜灯光是否关闭，超净工作台电源是否关闭（有些情况需要过夜照射除外），离心机、烘箱电源是否关闭，等等。

（陈　霆）

比 较 篇

第 11 章

国内生物安全实验室建筑设施要求

生物安全实验室，特别是高等级生物安全实验室，研究对象都是对个人和环境有高度危险性的致病微生物，如何避免其对环境的影响，成为各国政府、环境保护和相关科研人员高度关注的一个问题。

第一节 政策法规与标准规范

实验室生物安全涉及的绝不仅是实验人员的个人健康，一旦发生事故，极有可能会给人群、动物或植物带来不可预计的危害。实验室生物安全事件或事故的发生是难以完全避免的。重要的是实验人员应事先了解所从事活动的风险及应在风险已控制在可接受的状态下从事相关的活动。实验人员应认识但不应过分依赖于实验室设施设备的安全保障作用，绝大多数生物安全事故发生的根本原因是缺乏生物安全意识和疏于管理。

为了维护人民身体健康、生命财产安全及社会基本秩序，世界很多国家和组织针对生物安全实验室制定了相关的政策法规与标准规范，确定了依法防治生物污染的法治原则，建立了有效的生物污染管理体系，对生物安全实验室的建设进行规范和指导。WHO 2004 年出版的第 3 版《实验室生物安全手册》、加拿大 2004 年出版的第 3 版《实验室生物安全指南》及美国 1999 年出版的第 4 版《微生物和生物医学实验室生物安全指南》中，对生物安全实验室的建设提出了很多要求。

近年来，我国陆续出台了一些有关生物安全的政策法规和标准规范，如

2002年卫生部颁布的中华人民共和国行业标准《微生物和生物医学实验室生物安全通用准则》WS 233—2002、2004年5月颁布的中华人民共和国国家标准《实验室生物安全通用要求》GB 19489—2004（现已修订为新的国家标准GB 19489—2008）、2004年11月公布的《病原微生物实验室生物安全管理条例》、2004年8月颁布的《生物安全实验室建筑技术规范》GB 50346—2004（现已修订为新的国家标准GB 50346—2011）等，本章将简单予以介绍供读着参考。

一、政策法规

1.《病原微生物实验室生物安全管理条例》

中国国务院原总理温家宝于2004年11月12日签署第424号国务院令，公布《病原微生物实验室生物安全管理条例》。条例分为7章：总则、病原微生物的分类和管理、实验室的设立与管理、实验室感染控制、监督管理、法律责任、附则，共72条，是为加强实验室生物安全管理、保护实验人员和公众的健康而制定的，适用于中华人民共和国境内的实验室及其从事实验活动的生物安全管理。

条例规定，造成传染病传播、流行等严重后果的实验人员将受到处罚，构成犯罪的，依法追究刑事责任；实验室发生高致病性病原微生物泄漏时，实验人员应当立即采取控制措施，防止高致病性病原微生物扩散，并同时向负责实验室感染控制工作的机构或者人员报告；有关单位或者个人不得通过公共电（汽）车和城市铁路运输病原微生物菌（毒）种或者样本，还应当由不少于2人的专人护送，并采取相应的防护措施；从事高致病性病原微生物相关实验活动应当有2名以上的工作人员共同进行。

条例还对病原微生物的分类做了明确规定。根据病原微生物的传染性、感染后对个体或群体的危害程度，将病原微生物分为4类：第一类病原微生物，是指能够引起人类或者动物非常严重疾病的微生物，以及我国尚未发现或者已经宣布消灭的微生物；第二类病原微生物，是指能够引起人类或者动物严重疾病，比较容易直接或者间接在人与人、动物与人、动物与动物间传播的微生物；第三类病原微生物，是指能够引起人类或者动物疾病，但一般情况下对人、动物或者环境不构成严重危害，传播风险有限，实验室感染后很少引起严重疾病，并且具备有效治疗和预防措施的微生物；第四类病原微生物，是指在通常情况下不会引起人类或者动物疾病的微生物。

2.《消毒管理办法》

《消毒管理办法》的修订于 2001 年 12 月 29 日在卫生部部务会通过，自 2002 年 7 月 1 日起施行。内容包括 7 章 51 条。办法中规定：医疗卫生机构应当建立消毒管理组织，制定消毒管理制度，执行国家有关规范、标准和规定，定期开展消毒与灭菌效果检测工作；医疗卫生机构的环境、物品应当符合国家有关规范、标准和规定；排放废弃的污水、污物应当按照国家有关规定进行无害化处理；托幼机构应当健全和执行消毒管理制度，对室内空气、餐（饮）具、毛巾、玩具和其他幼儿活动的场所及接触的物品定期进行消毒；从事致病微生物实验的单位应当执行有关的管理制度、操作规程，对实验的器材、污染物品等按规定进行消毒，防止实验室感染和致病微生物的扩散；招用流动人员 200 人以上的用工单位，应当对流动人员集中生活起居的场所及使用的物品定期进行消毒。

二、标准规范

对生物安全实验室的建设我国于 2004 年先后颁布了 GB 19489—2004《实验室生物安全通用要求》、GB 50346—2004《生物安全实验室建筑技术规范》。经过近 5 年的实践，国内对生物安全实验室建设、运行和管理的需求及相应要求有了更深入的理解和新的共识，为适应我国生物安全实验室建设和管理的需要，提高我国生物安全实验的基础条件，促进我国生物安全实验室高水平、高效、合理的建设和发展，中国合格评定国家认可中心会同有关单位已对 GB 19489—2004 进行了修订，新版本的 GB 19489—2008 已于 2009 年 7 月 1 日起实施，为制订适用于生物安全实验室新认可准则（符合 GB 19489—2008《实验室 生物安全通用要求》）的工程设计、施工和验收方法，中国建筑科学研究院会同有关单位修订了 GB 50346—2004，新版本的 GB 50346—2011 于 2012 年 5 月 1 日起实施。与生物安全实验室相关的国家标准还有 GB 19489—2008《实验动物 环境与设施》、GB 50447—2008《实验动物设施建筑技术规范》等，下文将对这些相关国家标准进行简要介绍供读者参考。

1.《实验室 生物安全通用要求》GB 19489

GB 19489—2004《实验室 生物安全通用要求》是在2003年5月非典型肺炎流行期间提出并制定的标准，用时不到一年。实践证明，GB 19489－2004对保障实验室生物安全和依法管理病原微生物实验室发挥了重大作用。近年来，国际组织对实验室生物安全的建设和管理更加重视，加强了该领域的标准化工作，如WHO发布了2004年版的《实验室生物安全手册》，国际标准化组织（ISO）正在修订ISO15190《医学实验室—安全要求》。我国对实验室生物安全的认识不断提高，对生物安全实验室的使用和建设需求不断增加，GB 19489的主要适用机构——卫生、农业、质检、科研等部门的实验室提出了修订建议，以适应不断发展的实验室建设、使用、管理和认可工作的需求。

2006年年底，全国认证认可标准化技术委员会（SAC/TC261）审查了对GB 19489—2004的复审报告，认为符合修订条件，并依据《全国认证认可标准化技术委员会标准制修订工作程序》，将GB 19489—2004列入了2007年度国家标准修订计划（任务编号20075323-Q-469）。《实验室 生物安全通用要求》（GB 19489—2008）的修订编制主要参考了ISO 15190:2003（E）((医学实验室—安全要求》和WHO《实验室生物安全手册》[第2版（修订版），2003]，代替了GB 19489—2004。

该标准由全国认证认可标准化技术委员会提出并归口，负责起草的单位是中国实验室国家认可委员会。该标准包括7章和3个附录，主要内容有：范围，术语和定义，风险评估和风险控制，实验室生物安全防护水平分级，实验室设计原则及基本要求，实验室设施和设备要求，管理和要求；附录A，附录B，附录C。

该标准与ISO 15190:2003（E）不同之处在于，该标准不仅适用于医学实验室，而且适用于进行生物因子操作的各类实验室。此外，该标准增加了对实验室生物安全的要求。

该标准规定了实验室生物安全管理和实验室的建设原则，同时，还规定了生物安全分级、实验室设施设备的配置、个人防护和实验室安全行为的要求，其中生物安全实验室分级是核心和基础，我国实验室生物安全防护水平的分级标准与WHO的分级标准相同，即分为4级，这也是国际通用的分级标准。

该标准根据《病原微生物实验室生物安全管理条例》（中华人民共和国国务院令第 424 号，2004 年 11 月 12 日）对病原微生物的分类，明确生物安全防护水平为一级的实验室适用于操作第四类病原微生物；生物安全防护水平为二级的实验室适用于操作第三类病原微生物；生物安全防护水平为三级的实验室适用于操作第二类病原微生物；生物安全防护水平为四级的实验室适用于操作第一类病原微生物。另外，该标准对三级生物安全实验室进行了细分，标准条款为“4.4 根据实验活动的差异、采用的个体防护装备和基础隔离设施的不同，实验室分以下情况：4.4.1 操作通常认为非经空气传播致病性生物因子的实验室。4.4.2 可有效利用安全隔离装置（如生物安全柜）操作常规量经空气传播致病性生物因子的实验室。4.4.3 不能有效利用安全隔离装置操作常规量经空气传播致病性生物因子的实验室。4.4.4 利用具有生命支持系统的正压防护服操作常规量经空气传播致病性生物因子的实验室”。

2.《医学实验室 安全要求》GB 19781

《医学实验室 安全要求》由国家认证认可监督管理委员会提出，由全国认证认可标准化技术委员会、全国医用临床检验实验室和体外诊断系统标准化技术委员会共同技术归口，主要起草单位有中国实验室国家认可委员会、中国疾病预防控制中心、卫生部临床检验中心等。该标准包括 23 章和 3 个资料性附录，主要内容有：范围，规范性引用文件，术语及定义，风险分级，管理要求，安全设计，员工、程序、文件、检查和记录，危险标识，事件、伤害、事故和职业性疾病的报告，培训，个人责任，服装和个人防护装备（PPE），良好内务行为，安全工作行为，气溶胶，生物安全柜、化学安全罩及柜，化学品安全，放射安全，防火，紧急撤离，电气设备，样本的运送，废物处置；附录 A 实施本标准的行动计划纲要，附录 B 实验室安全审核，附录 C 发生漏出后的去污染、清洁（净化）和消毒。

该标准等同采用 ISO 15190—2003，是我国转化的国际标准化组织发布的标准，该标准规定了在医学实验室建立并维持安全工作环境的要求。根据 WHO 的建议，一般的医学实验室应按照生物安全二级实验室建设和管理，GB 19781 是依据对生物安全二级实验室的要求和医学实验室的特点而提出的通用性安全要求，该标准不适用于生物安全三级和四级实验室，也不完全适用于动物实验室。安全是各个国家主要以法规形式约束监管的，安全需求会因社会发展水平的不同而不同。国际组织发布的有关安全的标准一般情况下通用性很强，因而，各国会依据各自社会的发展情况，建立自己的标准。

3.《实验室生物安全手册》

世界卫生组织（WHO）编制的《实验室生物安全手册》第1版于1983年出版，第2版于1993年出版，第3版于2004年出版。第3版增加了风险评估、重组DNA技术的安全利用、感染性物质运输、生物安全防护等新的内容，还包括了1997年WHO出版的*Safety in Health-Care Laboratories*中有关安全的内容。该手册鼓励各国接受和执行生物安全的基本概念，并鼓励针对本国实验室如何安全处理致病微生物制订操作规范。

4.《医学实验室 质量和能力的专用要求》GB/T 22576

《医学实验室 质量和能力的专用要求》由国家食品药品监督管理局提出，由全国医用临床检验实验室和体外诊断系统标准化技术委员会归口，负责起草的单位是北京市医疗器械检验所、中国合格评定国家认可委员会。该标准包括5章和3个资料性附录，主要内容有：范围，规范性引用文件，术语和定义，管理要求，技术要求；附录A与GB/T 19001—2000和GB/T 27025—2008的对照，附录B实验室信息系统（LIS）保护的建议，附录C实验室医学伦理学。

本标准等同采用ISO 15189:2007《医学实验室 质量和能力的专用要求》，规定了医学实验室质量和能力的专用要求，可被医学实验室用于建立其质量管理体系和评估自己的能力，以及可被认可组织用于确认或承认医学实验室的能力。

5.《实验室生物风险管理标准》ECS CWA 15793：2008

ECS CWA 15793：2008《实验室生物风险管理标准》是欧洲标准化委员会（CEN）2008年发布的一个文件——CEN会议协定（CEN Workshop Agreement）。CEN讨论会是提供一种机制，使各方就某一共同感兴趣的问题达成共识，其对所有感兴趣方开放。ECS CWA 15793：2008是与本标准同期制定的文件，在管理要求方面的考虑可谓不谋而合，本标准的一些内容也为ECS CWA 15793：2008提供了科学依据。从整体上看，ECS CWA 15793：2008主要是引入了EN ISO 9001、EN ISO 14001和OHSAS 18001中的管理要素，以注解的形式建议实验室如何参照管理要素识别和管理生物风险。如果实验室已经建立了符合如 ISO 17025、ISO 15189 等标准的质量管理体系，则易于理解和应用 ECS CWA 15793：2008。该文件虽然尚有待实践检验，但是可以看出，考虑建立系统的实验室生物安全管理体系是各国专业人士的共识。

6.《实验动物 环境与设施》GB 14925

《实验动物 环境与设施》GB 14925 于 1994 年 1 月首次发布，经过 5 年的实施，取得了大量的检测数据，于 1999 年 8 月第一次修订，2001 年进行第二次修订。现行国家标准版本为 GB 14925—2010，该标准由全国实验动物标准化技术委员会提出并归口，负责起草的单位为全国实验动物标准化技术委员会。

该标准包括 10 章和 9 个规范性附录，分别为：范围，规范性引用文件，术语和定义，设施，环境，工艺布局，污水、废弃物及动物尸体处理，笼具、垫料、饮水，动物运输，检测；附录 A 温湿度测定，附录 B 气流速度测定，附录 C 换气次数测定，附录 D 静压差测定方法，附录 E 空气洁净度检测方法，附录 F 空气沉降菌检测方法，附录 G 噪声检测方法，附录 H 照度测定方法，附录 I 氨气浓度测定方法。

该标准界定了适用范围，其中环境条件分类及技术指标要求科学合理、操作性强，既与国际接轨又符合国情。该标准区别了实验动物繁育、生产和动物实验设施环境指标，且根据不同种类动物的生物学特性，提出不同的环境要求，给出了各类动物居所密度指标。该标准适用于一切实验动物繁育、生产、实验场所的环境条件及设施设计、施工、工程验收及经常性监督管理。

该标准按照空气净化的控制程度，将实验动物环境分为普通环境、屏障环境和隔离环境，如表 11-1 所示。

表 11-1　实验动物环境的分类

环境分类		使用功能	适用动物等级
普通环境	—	实验动物生产、动物实验、检疫	基础动物
屏障环境	正压	实验动物生产、动物实验、检疫	清洁动物、SPF 动物
	负压	动物实验、检疫	清洁动物、SPF 动物
隔离环境	正压	实验动物生产、动物实验、检疫	SPF 动物、悉生动物、无菌动物
	负压	动物实验、检疫	SPF 动物、悉生动物、无菌动物

7.《生物安全实验室建筑技术规范》GB 50346

由于我国在生物安全实验室建设方面已取得很多自己的科技成果，在环境、设备、人员、管理等方面与国外也有所区别，如何参照国外先进标准，结合国内先进经验和理论成果，使我国的生物安全实验室建设符合我国的实际情况，真正做到安全、规范、经济、实用，是制订本规范的根本目的。

《生物安全实验室建筑技术规范》GB 50346 于 2004 年 8 月首次发布，经过 6 年的实施，取得了大量的检测数据，于 2010 年进行了修订，现行国家标准版本为 GB 50346—2011，该标准由住房和城乡建设部负责管理和对强制性条文的解释，中国建筑科学研究院负责具体技术内容的解释。

该标准包括 10 章和 4 个技术性附录，分别为：总则，术语，生物安全实验室的分级、分类和技术指标，建筑、装修和结构，空调、通风和净化，给水排水与气体供应，电气，消防，施工要求，检测和验收；附录 A 生物安全实验室检测记录用表，附录 B 生物安全设备现场检测记录用表，附录 C 生物安全实验室工程验收评价项目，附录 D 高效过滤器现场效率法检漏。

该标准规定了生物安全实验室建筑平面、装修和结构的技术要求；实验室的基本技术指标要求（生物安全主实验室二级屏障的主要技术指标如表 11-2 所示）；对作为规范核心内容的空气调节与空气净化部分，详尽地规定了气流组织、系统构成及系统部件和材料的选择方案、构造及设计要求；规定了生物安全实验室的给水排水、气体供应、配电、自动控制和消防设施配置的原则;对施工、检测和验收的原则、方法做了必要的规定。适用于微生物学、生物医学、动物实验、基因重组及生物制品等使用的新建、改建、扩建的生物安全实验室的设计、施工和验收。

8.《实验动物设施建筑技术规范》GB 50447

我国实验动物设施的发展非常迅速，已建成了许多实验动物设施，积累了丰富的设计、施工经验。为使实验动物设施在设计、施工、检测和验收方面满足环境保护和实验动物饲养环境的要求，做到技术先进、经济合理、使用安全、维护方便，我国制定了《实验动物设施建筑技术规范》（GB 50447—2008）。该标准是解决如何建设实验动物设施以满足实验动物设施的环境要求问题的，包括建筑、结构、空调净化、消防、给排水、电气、工程检测与验收等。

该标准由住房和城乡建设部负责管理和对强制性条文的解释，中国建筑科学研究院负责具体技术内容的解释。该标准包括 10 章和 2 个附录，分别为：

表 11-2　生物安全主实验室二级屏障的主要技术指标

<table>
<tr><th>级别</th><th>相对于大气的最小负压 /Pa</th><th>与室外方向上相邻相通房间的最小负压差 /Pa</th><th>洁净度级别</th><th>最小换气次数 /（次 /h）</th><th>温度 /℃</th><th>相对湿度 /%</th><th>噪声 /dB(A)</th><th>平均照度 /lx</th><th>围护结构严密性（包括主实验室及相邻缓冲间）</th></tr>
<tr><td>BSL-1/ABSL-1</td><td>—</td><td>—</td><td>—</td><td>可开窗</td><td>18~28</td><td>≤ 70</td><td>≤ 60</td><td>200</td><td>—</td></tr>
<tr><td>BSL-2/ABSL-2 中的 a 类和 b1 类</td><td>—</td><td>—</td><td>—</td><td>可开窗</td><td>18~27</td><td>30~70</td><td>≤ 60</td><td>300</td><td>—</td></tr>
<tr><td>ABSL-2 中的 b2 类</td><td>-30</td><td>-10</td><td>8</td><td>12</td><td>18~27</td><td>30~70</td><td>≤ 60</td><td>300</td><td>—</td></tr>
<tr><td>BSL-3 中的 a 类</td><td>-30</td><td>-10</td><td rowspan="6">7 或 8</td><td rowspan="6">15 或 12</td><td rowspan="6">18~25</td><td rowspan="6">30~70</td><td rowspan="6">≤ 60</td><td rowspan="6">300</td><td rowspan="3">所有缝隙应无可见泄漏</td></tr>
<tr><td>BSL-3 中的 b1 类</td><td>-40</td><td>-15</td></tr>
<tr><td>ABSL-3 中的 a 和 b1 类</td><td>-60</td><td>-15</td></tr>
<tr><td>ABSL-3 中的 b2 类</td><td>-80</td><td>-25</td><td>空气压力维持在 -250Pa 时，房间内每小时泄漏的空气量应不超过受测房间净容积的 10%</td></tr>
<tr><td>BSL-4</td><td>-60</td><td>-25</td><td rowspan="2">房间维持 -500Pa 后，20min 内自然衰减的气压小于 -250Pa</td></tr>
<tr><td>ABSL-4</td><td>-100</td><td>-25</td></tr>
</table>

注：① 三级和四级动物生物安全实验室的解剖间应比主实验室低 10Pa。

② 本表中的噪声不包括生物安全柜、动物隔离设备等的噪声，当包括生物安全柜、动物隔离设备的噪声时，最大不应超过 68dB(A)。

③ 动物生物安全实验室内的参数尚应符合现行国家标准《实验动物设施建筑技术规范》GB 50447 的有关规定。

总则，术语，分类和技术指标，建筑和结构，空调、通风和空气净化，给水排水，电气和自控，消防，施工要求，检测和验收；附录 A 实验动物设施检测记录用表，附录 B 实验动物设施工程验收项目。

该标准的主要内容是：规定了实验动物设施分类和技术指标；实验动物设施建筑和结构的技术要求；对作为规范核心内容的空调、通风和空气净化部分，则详尽地规定了气流组织、系统构成及系统部件和材料的选择方案、构造和设计要求；规定了实验动物设施的给水排水、电气、自控和消防设施配置的原则；对施工、检测和验收的原则、方法做了必要的规定。该标准适用于新建、改建、扩建的实验动物设施的设计、施工、工程检测和工程验收。实验动物设施的建设应以实用、经济为原则。实验动物设施所用的设备和材料必须有符合要求的合格证、检验报告，并在有效期之内，属于新开发的产品、工艺，应有鉴定证书或实验证明材料。

9.《生物安全柜》

生物安全柜是利用空气净化技术，实现第一道物理隔离的关键产品，是生物安全实验和研究的第一道屏障，也是最重要的屏障之一。生物安全柜的质量直接关系到科研和检测人员的生命安全，关系到实验室周围环境的生物安全，同时也直接关系到实验结果的准确性。中国建筑科学研究院作为主编单位，会同疾病预防控制机构和生物安全柜生产厂家，结合我国在生物安全柜方面的研究成果和研究开发经验，同时吸取了国外生物安全柜的相关技术成果，共同编制了《生物安全柜》（JG 170—2005）。

该标准包括 9 章和 5 个附录，分别为：范围，引用文件，术语和定义，分级与命名，技术要求，试验方法，检验规则，标志，包装、运输、储存；附录 A（资料性附录）喷雾器，附录 B（资料性附录）枯草芽孢杆菌菌液的制备，附录 C（规范性附录）检验项目表，附录 D（资料性附录）生物安全柜出厂（型式）检验记录用表，附录 E（规范性附录）生物安全柜产品检验报告。该标准对一些关键技术参数做了详细的分析研究和实验验证，与国外标准相比，做了适合我国国情且更具体和可行的规定。例如，对生产环境和实验环境的要求、排风高效过滤器的检漏、风机性能和噪声等方面的要求；适用于微生物学、生物医学、动物实验、基因重组及生物制品等使用的生物安全柜的设计、制造和储存等。

10.《高效空气过滤器》、《高效空气过滤器性能试验方法 效率和阻力》

《高效空气过滤器》（GB/T 13554—2008）由中华人民共和国住房和城乡建设提出，由中国建筑科学研究院负责起草，代替 GB/T 13554—1992。该标准包括 9 章和 3 个附录，分别为：范围，规范性引用文件，术语、定义和缩略语，分类和标记，材料、结构与生产环境，要求，试验方法，检验规则，标志、包装、运输和储存；附录 A（资料性附录）高效过滤器常用规格型号，附录 B（规范性附录）计数扫描检漏试验，附录 C（规范性附录）光度计扫描检漏试验。适用于常温、常湿条件下送风及排风净化系统和设备使用的高效空气过滤器及超高效空气过滤器。不适用于军用、核工业及其他有特殊要求的过滤器。

《高效空气过滤器性能试验方法 效率和阻力》（GB/T 6165—2008）由中华人民共和国住房和城乡建设提出，由全国暖通空调与净化设备标准化技术委员会归口，由中国建筑科学研究院和清华大学核能与新能源技术研究所共同负责起草。GB/T 6165—2008《高效空气过滤器性能试验方法 效率和阻力》将 GB/T 6166—1985《高效滤料性能试验方法 透过率和阻力》与 GB/T 6165

—1985《高效空气过滤器性能试验方法 透过率和阻力》合并，该标准规定了高效、超高效滤料及过滤器的效率和阻力检测的试验方法及其试验装置，给出钠焰法、油雾法、计数法三种试验方法。对于高效空气过滤器及滤料，可以根据用户的要求，用以上三种方法中任意一种进行效率检测。对于超高效空气过滤器及滤料，应使用计数法进行效率检测。钠焰法作为进行高效空气过滤器及滤料效率检测的基准试验方法。计数法作为进行超高效空气过滤器及滤料效率检测的基准试验方法。该标准所述试验方法适用于检测过滤空气中粒子所使用的高效、超高效滤料及过滤器。亚高效滤料及过滤器的效率和阻力检测，可参考该方法进行。

第二节　风 险 分 析

生物安全实验室的设计和建造是一项复杂的工作，设施设备价值昂贵，并且技术问题的解决方案由于资源的缺乏而极具挑战性。安全与保障是最基本的要求，它决定了需要的是最佳的解决方案而不是最复杂的解决方案。因此要求管理人员、建筑师、工程师及生物安全专家在每一个新项目的设计阶段必须清楚地了解这一点，从而做出明智的决策。风险评估及风险管理一直是设计、建设和运行生物安全设施的基础。生物安全实验室的设计是一个风险管理的问题，因为设计既能使风险最小化也能带来新的风险。

风险分析是一门有关风险的学科。风险是与人类期望相关联的概念。它是指对财产或有着财产价值的某些方面造成的潜在负面影响。风险将某一事件发生的可能性与其可能造成的结果联系在一起。生物安全实验室必须足以控制建筑内病原微生物外泄的风险，其风险定义为从建筑内可能逃逸的病原微生物和如果发生逃逸其所造成的影响（风险＝可能性 × 影响）。

生物安全实验室风险分析（本节专指生物安全实验室建筑设施及相关配套设备的风险分析）是指认识生物安全实验室可能存在的潜在风险因素，估计这些因素发生的可能性及由此造成的影响，分析为防止或减少不利影响而采取对策的一系列活动。它包括风险识别、风险估计、风险评价与风险对策4 个基本阶段，其基本流程如图 11-1 所示。

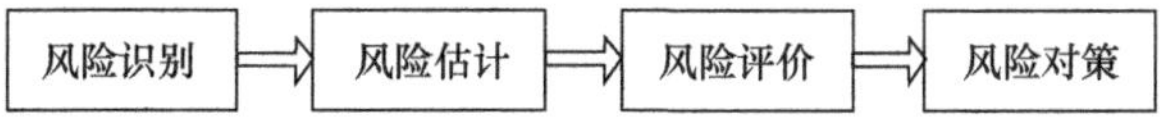

图 11-1　风险分析流程

生物安全实验室风险分析：首先，从认识风险特征入手去识别风险因素，然后根据需要和可能选择适当的方法估计风险发生的可能性及其影响；其次，按照一个标准评价风险程度；最后，提出针对性的风险对策。

一、风险识别

生物安全实验室风险因素识别首先要认识和确定该实验室建筑设施及其配套设备究竟可能存在哪些风险，这些风险因素会给生物安全带来什么影响，具体原因是什么？在对风险特征充分认识的基础上，识别实验室潜在的风险和引起这些风险的具体风险因素。只有首先把实验室主要的风险因素揭示出来，才能进一步通过风险评估确定损失程度和发生的可能性，进而找出关键风险因素，提出风险对策。风险因素识别应注意借鉴历史经验，同时可运用“逆向思维”方法来审视生物安全实验室，以揭示实验室建筑的风险来源。

二、风险估计

风险估计是估计风险发生的可能性及其对项目的影响。生物安全实验室涉及的风险因素多为不可量化的风险因素，需对其进行定性描述。风险估计的方法包括风险概率估计方法和风险影响估计方法两类，前者分为主观估计和客观估计，后者有概率树分析、蒙特卡洛模拟等方法。

三、风险评价

风险评价是指在风险估计的基础上，通过相应的指标体系和评价标准，对风险程度进行划分，以揭示影响生物安全成败的关键风险因素，以便针对关键风险因素采取防范对策。生物安全实验室风险评价应综合考虑若干主要风险因素对项目整体的影响程度。

生物安全实验室风险评价指标体系是建立在生物安全实验室实验整个过程可能出现的各种风险因素分析的基础上，借鉴风险评价的指数评分法的体系结构而建立的。为了全面评价生物安全实验室的环境风险情况，确定：一级指标为实验室隔离措施、实验阶段风险因素和安全管理三大类；二级指标为一级隔离、二级隔离、危险物质等 12 个指标；三级指标为生物安全柜、个人防护装备、实验室建筑、空调通风净化等 10 个指标；四级指标为高效过滤器过滤效果、柜体防泄漏性能等 69 个指标。评价指标体系的建立是生物安全实验室风险评价研究内容的基础，直接影响到评价的精度和结果。建立的生物安全实验室环境风险评价指标体系如图 11-2 所示。

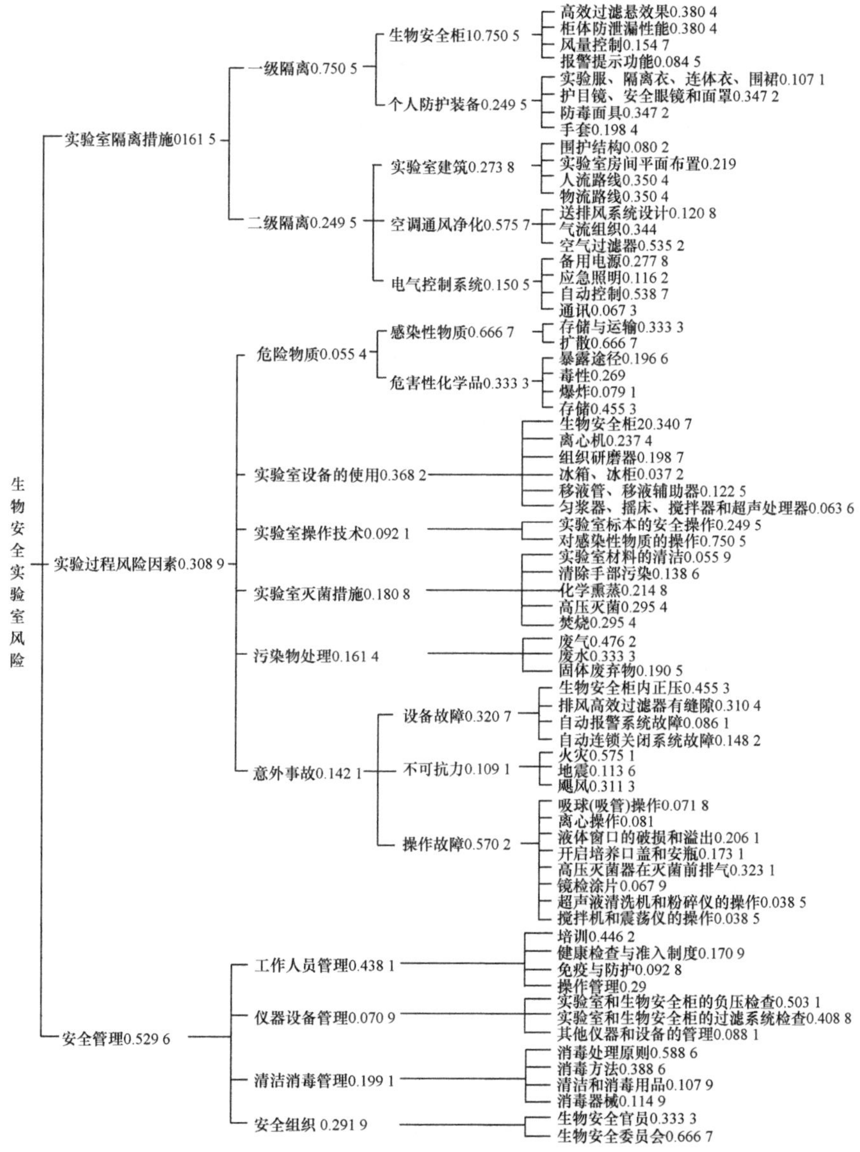

图 11-2　生物安全实验室环境风险评价指标体系

四、风险对策

生物安全实验室建设，既要了解实验室可能面临的风险，也要提出针对性的风险对策，避免风险的发生或将风险损失降低到最低程度，才能有助于提高生物安全。

生物安全实验室的建设在国内是近几年逐渐兴起的，由于建造生物安全实验室的需求逐渐增多，一些做过普通洁净室工程的公司纷纷进入生物安全实验室的建设市场，由于对生物安全实验室不甚了解或缺乏建设高级别生物安全实验室的经验，建造出来的实验室往往隐藏很多潜在风险。

中国建筑科学研究院净化空调技术中心多年来一直从事高等级生物安全实验室的检测验收工作，针对实验室风险控制这一焦点问题，总结了在设计、建设、检测实践过程中对有关实验室平面布局、净化空调系统、自控系统、备用电源等问题的理解、认识和风险控制对策。

（一）实验室平面布局设计的探讨

1. 实验室平面布局原则

国内三级生物安全实验室大都遵循 SARS 时期提出的“三区两缓”的原则进行设计建造，这符合“以人为本”、尽可能“控制污染”的原则，但一些实验室过于生搬硬套“三区两缓”原则，致使在有限空间内建造的实验室房间狭小、系统繁杂，进而造成主实验室负压过大、破坏围护结构严密性、洁净度不够等一系列问题。许钟麟研究员提出了生物安全实验室平面布局设计应遵循的原则，指出应有“三区”，未必“两缓”，至少“一缓”。采用合理、适当、可行的工艺平面布局，避免繁杂的平面设计，对于其后净化空调系统、自控系统的设计施工，以及日后的运行管理都大有裨益。

2. 案例分析

上述设计原则为生物安全实验室平面布局设计提供了依据，但是在生物安全实验室的设计建造过程中仍然存在不少细节技术问题需要设计人员和建设者摸索探讨。此处给出实测的某生物安全三级（P3）实验室工艺平面布局，如图 11-3 所示，并就存在的问题进行探讨。

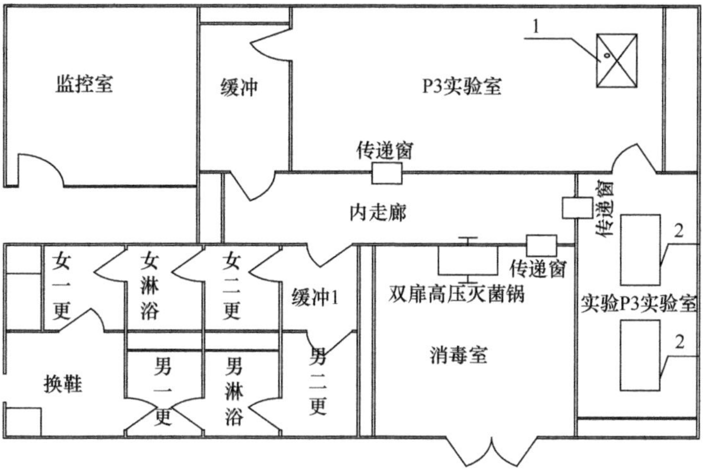

图 11-3　某 P3 级生物安全实验室工艺布局平面图
1. 生物安全柜；2. 动物隔离器

从图 11-3 可以看出，实验室基本是按照“三区两缓”的设计原则进行设计布局的，辅助房间及主实验室的设置具有一定代表性。此实验室检测验收时存在的主要问题是工况转换过程中（包括不同运行工况转换、送、排风系统联锁、备用排风机切换等）动物 P3 实验室对 P3 实验室会出现瞬间相对正压（发生气流倒灌）。另外，实验室各房间洁净度虽然都能达到 10 万级水平，但含尘浓度均偏高，尤以动物 P3 实验室含尘浓度较高。

经过检测发现，从男、女更衣间开始各房间均为负压，属于“一负到底”，很容易将换鞋间含尘浓度较高的气溶胶吸入实验室各房间，造成含尘浓度偏高。此外，动物 P3 实验室与 P3 实验室直接相通，从内走廊（半污染区）进入动物 P3 实验室需经三道门，为保证相邻房间压差不小于 10Pa，动物 P3 实验室具有较高负压，加上围护结构严密性不够，造成动物 P3 实验室内含尘浓度更高。为解决此问题，建议将清洁区的男、女更衣间设置成微正压，以防止室外大气尘的侵入。

工况转换过程中动物 P3 实验室对 P3 实验室的相对正压是由两实验室直接相通造成的，因为送、排风系统是联锁的（排风机先于送风机启动，后于送风机关闭），P3 实验室排风量远大于动物 P3 实验室排风量（此例 P3 实验室的安全柜排风量大于动物 P3 实验室两台隔离器总排风量，且 P3 实验室体积大于动物 P3 实验室体积），在只有排风、没有送风且无法通过调节排风阀控制主实验室排风量（其两个主实验室的排风均为定风量控制，送风系统为变风量控制）的情况下，两实验室间将发生气流倒灌，同样在安全柜启停、隔离器启停等不同运行工况转换的过程中会出现瞬间相对正压。上述讨论是以特定工程实例为前提的，即实验室工艺布局一定、净化空调系统一定，问题的根源在于实验室平面布局设计、净化空调系统设计两者没有统筹规划，设计过程中没有考虑到将来运行使用过程中会出现相对正压的问题。

通过此例可以发现在进行生物安全实验室工艺平面布局时，不宜将两个主实验室直接相通，宜从半污染区分别经缓冲间进入主实验室；若由于工作需要必须相通时，应在两个主实验室之间设置一个缓冲间或将主实验室的排风设置成变风量控制。但两相邻房间单纯依靠高负压无法抵挡由于温差作用、门开关卷吸作用、人员进出裹带作用造成的污染物外泄。因此，对于生物安全实验室的设计，不宜将 P3 实验室与动物 P3 实验室直接相通，否则即使工况切换过程中不会出现相对正压，但在日常使用过程中仍将造成动物 P3 实验室污染物外泄至 P3 实验室。

（二）净化空调系统设计的探讨

对许多已建生物安全实验室的检测验收后发现，净化空调系统的设计施工优劣并存、参差不齐。结合实际检测效果，经过深入思考，总结得出如下一些体会。

1. 某一实验室的实验设备与所在房间宜共用一个机械排风系统

这一设计的目的是为了做到“任何时候必须极尽所能地维持实验房间负压，维持生物安全柜相对实验房间负压”。但在许多已建生物安全实验室中并没有采用这条原则，这些实验室比较有代表性的净化空调系统原理如图 11-4 所示，即整个实验室的送风为一个系统，生物安全柜等实验设备的排风单独采用一个系统，房间排风为另一个系统。

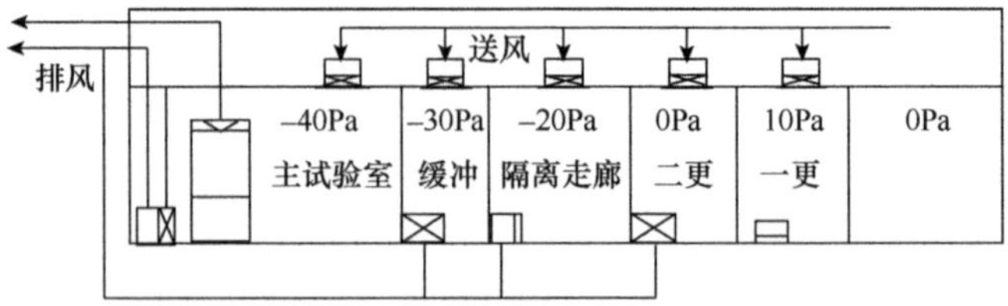

图 11-4 实验室的实验设备与所在房间各有独立机械排风系统

图 11-4 所示的净化空调系统存在两点不足：① 除了房间排风系统需要配置一用一备两台排风机外，生物安全柜等实验设备的排风系统同样需要配置一用一备两台排风机，不仅初投资增加，排风机的安装同样需要增占空间；②必须确保生物安全柜等实验设备排风系统的可靠工作，确保两套排风系统启停的联锁控制（实验设备较房间排风系统先开后关），否则存在生物安全柜等实验设备内的空气倒抽入房间的可能，这使得自控系统复杂化，徒增自控工程造价。

2. 净化空调系统宜采用变风量控制

1）生物安全实验室的压力控制方案

为了保证生物安全实验室的负压和压力梯度，尤其是控制生物安全实验室内生物安全柜等实验设备启停对压力梯度的影响，一般要对实验室送、排风系统进行风量、压力控制，其控制方案有 7 种，有各自特点及克服外扰的能力。在实测的生物安全实验室工程实例中，这几种方案（或是改进方案）都有应用，但就实际使用效果而言，无论是从生物安全角度考虑还是从节能角度考虑，图 11-5 所示的方案都是最佳运行控制方案，其采取的措施为送、排风机采用变频风机，主实验室送、排风管控制风阀采用变风量阀，两者结合可以很好地实现负压控制，且具有较好的节能效果，尤其是对于具有多个排风实验设备的生物安全实验室，节能潜力更大。

图 11-5 所示的压力控制方案虽然控制及节能效果最佳，但由于主实验室送、排风管均采用变风量阀控制，存在多个变量及多个控制对象，自控系统

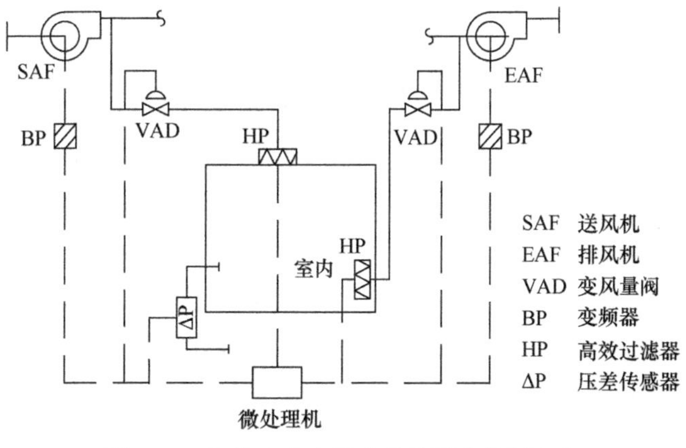

图 11-5　生物安全实验室最佳压力控制方案

较为复杂。当主实验室内只有一个排风实验设备（如仅有生物安全柜）时，为简化自控系统，可以将图 11-5 所示方案中主实验室送风管（或排风管）上的变风量阀（VAD）换成定风量阀（CAD），即变成图 11-6 所示的压力控制方案，这种控制方案已有很多工程应用实例，实际应用效果较好。

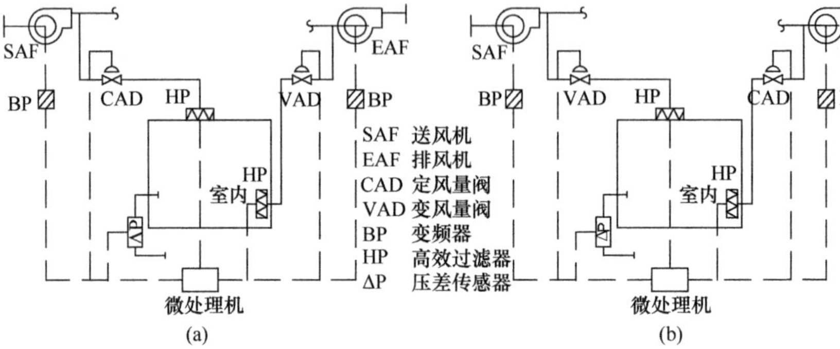

图 11-6　生物安全实验室常用压力控制方案

（a）方案一；（b）方案二

2）节能运行措施

根据《生物安全实验室建筑技术规范》的规定，三、四级生物安全实验室净化空调系统应采用全新风系统，由于全新风系统运行费用高昂，因此要求空调系统的设计必须考虑节能运行，否则可能导致实验室建得起用不起，通常可以采取以下的措施。

（1）整个实验室净化空调系统运行可以分为三种状态：工作状态、休闲状态和消毒状态：① 工作状态是指实验室内工作人员进行正常工作，室内排风设备正常运行时的状态，此时系统送、排风均为最大风量运行，当室内存在多个排风实验设备时，根据各设备运行状况又可把工作状态分成多个状态，不同状态时实验室总送、排风量不同；② 休闲状态是指实验室内没有工作人员进行操作，实验室及室内排风设备均处于低风量运行时的状态，此时仅需维持房间、排风设备必要的负压即可；③消毒状态是指关闭主实验室送、排风总管上的密闭阀，对主实验室进行消毒灭菌时的状态，此时要求不影响其他房间的正常使用。

（2）送、排风机均采用变频风机，根据主实验室运行房间数、实验室内各排风设备运行情况等不同的运行状态自动调整送、排风量。

（3）新风处理机组空调水管、加湿蒸汽管均设置电动三通阀，根据房间的温度、湿度自动调节水量和蒸汽量。

3. 送、排风机及定风量、变风量风阀的选用应慎重，其误差在设计计算中应予以考虑

生物安全实验室净化空调系统设计一般很少涉及设备选型和确定厂家，这些工作一般由施工方或建设方根据设计参数进行。一些施工方或建设方为了节省开支，选用了一般厂家生产的普通风机、阀门，由于风机工作不稳定或阀门误差较大，致使风量偏差较大，可能会造成实验室静压差波动、负压梯度紊乱的后果，尤其是当所建造的生物安全实验室密封性较好，采用密封门时，压力波动会更明显，这种正常情况下的室内压力波动若较大，将会导致工况转换过程中相对正压的出现。关于压力波动理论及压差风量的确定，许钟麟提出应考虑阀的风量正负误差。

引起室内压力波动的因素很多，除了设备本身外，空调自控系统的优劣是关键因素。另外，温差也可以引起室内压力的波动。这就要求在生物安全实验室设计之初给出送、排风机，以及定风量、变风量风阀的允许误差，尽可能从设备本身上避免压力波动状况的出现。

（三）自控系统设计的探讨

高危生物安全实验室（P3、P4）房间压力控制是实验室通风控制的重要组成部分，是安全运行和污染控制的保证。下面对在检测过程中发现的问题及解决方法进行总结，就如何实现 P3 实验室的良好压力控制谈些体会。

1. 排风系统故障传感器宜选用风压（或风量）传感器，不应采用排风机的电源开关信号

目前，生物安全实验室的建设大都能遵守这一自控系统设计原则，但在检测过程中偶尔也会遇到采用排风机的电源开关信号作为排风系统故障传感器的实例，这种做法很不科学，因为存在排风机电源合上但排风机并不工作的可能，如皮带脱落等。当选择风压（或风量）传感器作为排风系统故障传感器时，应强调响应时间短，即反应敏捷，至于系统判断为故障时风压（或风量）的阈值，应根据实际情况经反复工况转换试验验证而定。

2. 送、排风总管的密闭阀应能迅速开启、关闭，即响应速度快

前文已经指出，在众多已检生物安全实验室的各类项目中，实验室工况

转换很难一次检测验收通过，尤其是备用排风机切换的可靠性验证，究其原因在于大部分生物安全实验室的通风空调自控系统设计原则为：系统监测到排风系统故障，先迅速关闭送风机及送风总管气密阀，启动备用排风管气密阀及备用排风机，关闭主排风管气密阀，然后再重新启动送风总管气密阀及送风机。风机从停机到风量降至接近 0 需经历至少 10s，这种停机时间是所有风机的固有特性，相对应的还有风机的另一个固有特性——开机时间，两种时间长度基本接近。密闭阀的开关同样需要时间，其开关速度取决于配套执行器的响应时间。进行备用排风机切换可靠性验证时，由于上述时间相互制约，很容易造成实验室瞬间相对正压。

要解决上述问题，需要良好有序的通风空调自控系统设计并经现场反复调试方能奏效。总结发现，当送、排风总管的密闭阀响应速度快时，自控系统比较容易调试成功，即模拟主排风机故障后，系统 1 ～ 2s（此时间取决于故障传感器的响应速度）监测到排风系统故障，迅速关闭送风机及送风气密阀，打开备用排风机气密阀及备用排风机，关闭主排风机气密阀。由于风机 10s 以上的固有特性，故防止实验室出现相对正压实际起作用的是响应速度快的气密阀（1 ～ 2s），在这个过程中，只需保证 2 ～ 4s 内主排风机排风量大于送风机送风量，即可避免相对正压的出现，为保证这点宜遵守本部分所述的自控系统设计原则。

3. 系统总排风、总送风管之间应有预先设置的风量差阈值跟踪控制

这条通风空调自控系统的设计原则经常被忽视，致使空调系统在开、关机时实验室内具

有较大负压（100Pa 以上），影响围护结构的严密性。在备用排风机切换过程中同样会出现较大负压，实验室内人员会感觉很不适，且可以清晰听到围护结构啪啪的响声。若生物安全实验室空调系统启停频率较高，围护结构严密性将受到较大破坏。《生物安全实验室建筑技术规范》第 7.3.6 条指出：“系统启动和停机过程应采取措施防止实验室内负压值超出围护结构和有关设备的安全范围。”但在实际的生物安全实验室建设中，有效实施相关措施的实例较少。

解决此问题的方法便是在系统总排风、总送风管之间预先设定一定的风量差阈值，通过排、送风机的变频器进行跟踪控制。以空调系统开机为例进

行说明。空调系统开启时，排风机首先开启，当排风量接近预先设置的风量差阈值时，送风机开启，且由变频器控制的排风量、送风量增幅应始终保持在预先设置的风量差阈值范围内，这样既可避免实验室较大负压又可避免相对正压的出现。本节“净化空调系统设计的探讨”部分讲到采用本自控系统设计原则有利于解决备用排风机切换过程中相对正压的出现，同样是由于送风和排风之间有很好的跟踪控制的缘故。

上述控制原则的难点在于阈值的选择，即风量差大于多少时才启动跟踪控制，以避免由于正常风量波动（如门的开启、风机和风阀设备误差等因素造成的风量波动）引起的频繁且不必要的跟踪控制。这不仅需要根据工程实例进行压差风量计算，还需在实际工程中反复调试确定，因不同工程围护结构严密性不同。

4. 压差报警应有相邻房间的相对压差报警

在测试的生物安全实验室工程实例中，曾有多个项目的压差报警仅有各房间相对大气的绝对压差报警，而无相邻房间的相对压差报警，即只要各房间满足相对大气的最小绝对压差即可。这种思路是片面的、不可取的。例如，主实验室及其缓冲间的门一直打开且两房间绝对压差均满足设计要求，按照上述自控设计思路将始终不出现压差报警，这是不允许的，其他相邻房间的门一直打开同样会有此问题。《规范》第 7.3.10 条明确指出“三级和四级生物安全实验室当负压梯度超过设定范围时，自控系统应有声光报警功能，……”因此自控设计人员应充分理解“负压梯度”的意义，避免出现上述问题。

其实负压洁净室相对负压和绝对压差可以换算，在自控系统中不需额外增加压差传感器，只需计算出各相邻房间的相对压差，设置相对压差报警即可，但要注意相对压差报警时应设置一定的延迟时间，否则会导致由于人员开门进出引起不必要的报警。一般而言，延迟时间设定为 8s 即可满足要求。

（四）备用电源可靠性问题的探讨

生物安全实验室配电问题在《规范》第 7.1 节各项条款中都有明确规定，但在实际检测时发现，备用电源可靠性仍会出现问题。生物安全三级实验室若没有设置 UPS 不间断电源，将主电源切断，备用电源恢复供电（一般需 2 ~ 30s 时间）后，实验室主要设备，包括生物安全柜、排风机、空调通风系统的风机、动物隔离器、自动报警监测系统等应自动投入使用。但有些生物安全实验室只能做到自动恢复供电，主要设备需人工启动，这显然是不科学的，也不符合备用电源可靠性验证的要求。如果条件允许，应尽量设置不间断电源（UPS），保证在主电源故障时不间断供电以备人员安全撤离，这才是真正意义上的“以人为本”。

（赵　力　王清勤）

第 12 章

欧美国家生物安全实验室建筑要求

第一节　实验动物生物安全实验室规划与设计

一、摘要

本章主要讨论动物实验建筑设计中，美国疾病预防控制中心（CDC）与美国国立卫生研究院（NIH）发布的《微生物及生物医学实验室生物安全指南》（BMBL）2009 年第 5 版对设计的要求和相关指标，同时也会涉及其他相关规范的标准和要求。

本章部分内容曾发表于美国生物安全协会（American Biological Safety Association）出版的《生物安全丛书第十集——动物生物安全》第 7 章、第 8 章，现根据修订后的相关规范改写，并增加大量新技术、新内容供读者参考。

二、简介

本章旨在以 CDC 与 NIH BMBL 2009 年第 5 版为基础，兼顾包括 WHO 发布的《实验室生物安全手册》2004 年第 3 版，以及其他相关标准和规定，讨论实验动物生物安全设施的等级划分，重点为实验动物生物安全三级实验室（ABSL-3）的规划、建筑设计、工程设计和运营管理提供指导建议。本节使用术语 ABSL-3，即指实验动物生物安全三级实验室，以及具有相同安全级别设计实践和运营管理要求的设施。

本节不会重复相关法规的内容或罗列全部要求，只是通过总结美国 HDR 公司一些成功的案例，让读者对相关规范和标准有更深入、清晰的理解，并运用于规划设计实践中。

连续不断发生的传染性疾病、日益增加的人畜共患疾病，以及农业交叉性疾病的出现，让我们对可以安全进行 ABSL-3 级病原体研究的实验室设施的需求日益增加。这些特殊设施可以帮助实验人员进行包括参考诊断实验、环境监测、基础研究，进而研发预防和治疗的方法。为了满足这些不断增加的需求，在达到这些新建设施功能的同时，我们必须重视使这些设施满足安全和安保要求。如果在全球范围内只使用一成不变的统一标准，这样的设计势必太简单化；我们需要充分考虑不同的地域因素和特定区域的特殊情况，因地制宜地确定该类设施的设计指标与功能。

本章将重点讨论建设 ABSL-3 设施的相关问题。首先从评估生物病原体和动物研究课题存在的风险着手；其次研究 BMBL 和其他相关规范对 ABSL-3 设施建设的基本规定，以及可能超越这些标准的增强措施；最后讨论进行 ABSL-3 设施的规划与设计时需要解决的关键问题。

三、动物生物安全实验室等级的定义与比较

不同法规标准对生物污染类实验室的实践与建筑指标的定义也不尽相同。为了清楚动物生物安全 1 ～ 4 级（ABSL-1 ～ ABSL-4）、BSL-3Ag（或称为 ABSL-3 加强级）的评判标准，参考美国及国际上相关的一些标准和指导文件，比较它们的定义和异同，以便更好的理解其意图和应用要求。本节中引用的相关标准与指导文件包括：①美国 CDC 和 NIH《微生物及生物医学实验室生物安全指南》（BMBL）2009 年第 5 版；② WHO《实验室生物安全手册 LBM》2004 年第 3 版；③美国农业部（United States Department of Agriculture，ASDA）《农业研究服务设施设计标准》（ARS）2004 年 7 月 24 日；④加拿大公共卫生署（Public Health Agency of Canada）《污染类实验室生物安全指南》（LBG）2004 年 第 3 版；⑤美国国家研究委员会生命科学分会实验动物研究所（Institute of Laboratory Animal Research, Commission on Life Sciences, National Research Council）《实验动物养护和使用指南》2011 年第 8 版；⑥欧洲标准委员会（CEN）《CWA 15793——实验室生物风险控制》2011 年 9 月。

（一）风险评估及污染等级

进行任何拥有生物污染类材料实验室设计的第一步，也是最重要的一步就是对建设场地及该特定项目的风险评估。全面的风险评估可以就该项目将进行的实验程序、实验室研究内容及设施管理提供准确的信息；再通过检验该项目的各个元素，进一步确定该项目是否已经达到生物安全指定的 ABSL-1、ABSL-2、ABSL-3 或 ABSL-4 级别。美国农业部对潜在重大环境影响、具有高风险病原体的大型动物实验工作又增加了一个附加级别，即 BSL-3Ag。另外还有一个“动物安全三级增强型 ABSL-3+”级别，用于一些特殊的实验对象或过程，这是在 ABSL-3 实验室基础上，提供特别的增强保护措施。对从事这类危险生物材料实验的恰当防护，是通过实验室操作程序、实验技术、安全设备和建筑设计特性共同实现的。界定这些生物安全等级的房间包括实验室、动物房、过道、温室、尸检室、昆虫养殖区和废物处置间等所有可能存在传染性生物材料的空间。

利用法规虽然可以初步界定某个特定病原体研究所需的生物安全等级，但其他一些因素，包括所处位置（如一种疾病是否可在本地自然产生）、动物物种（该动物是否可在初级密封圈笼内养殖）、动物运送方式（动物是否会暴露在污染气体中）等因素在一定情况下都会不同程度地影响生物安全分级。评估生物安全等级的过程需要考虑包括人身安全、生物安全和安保，以及环境保护等综合因素，包括地方病、外来疾病、病原体研究中可能存在的传播路线、研究中可能使用的生物材料剂量、病原体浓缩程度、生产感染制剂所需微生物数量、研究中具有危险的物种、动物畜养程序等具体注意事项。这里只是列举了在决定一个实验项目所需实验室建筑前，少数几个需要详细分析研究的影响因素。在评估一个研究或测试一个项目的风险，以确定恰当的生物安全等级及污染指标时，下面列举了一些需要考虑的因素。

（1）动物实验室使用的病原体类型：①传输途径；②使用剂量和浓度；③感染途径；④是否或何种途径病原体可能外泄；⑤形成人畜感染剂量所需的微生物数量。

（2）动物实验室中所使用动物的因素：①动物的自然属性，是否具有咬、抓等攻击倾向；②动物类型和大小，是否可圈养于圈笼中，以确定初级污染区域是圈笼或房间；③动物天然寄生物；④是否带有易感性人畜共患疾病；

⑤是否有可传播的过敏原。

（3）综合以上的分析，根据动物实验设施的指标、设备需求和动物生物安全等级预防措施的严格要求，应从以下步骤及注意事项开始，确定实验设施安全风险分级：①鉴别所有有害材；②研究咨询相关规范标准（BMBL、MSDS 等）；③评估生物安全等级 / 毒性；④考虑可能污染泄漏的途径；⑤评估毒性的定量信息；⑥选择适当程序降低污染泄漏的风险；⑦突发事件的应急措施。

本节旨在介绍适当的风险评估理念及方法，并不包含对所有应考虑因素的详尽分析。参见 BMBL 和《CWA 15793:2011 实验室生物风险管理》关于风险评估模型及步骤的全部指导和要求。在进行任何涉及生物危害类材料的实验项目之前，请详细阅读并理解相关法规和要求。

（二）动物生物安全等级的划分

根据不同来源的法规，对实验动物设施通常按以下等级界定。

1. ABSL-1——动物生物安全 1 级

（1）WHO《实验室生物安全手册》规定 ABSL-1“适用于从事针对大多数经检疫的畜养动物（但非人灵长类动物需咨询相关国家有关的规定），以及蓄意感染过‘危险 1 类’（risk group 1）微生物动物的相关工作”。“危险 1 类”是指不会使人畜产生疾病的微生物。可能不具有或只有极低的个人和社会风险”。

（2）CDC 和 NIH《微生物及生物医学实验室生物安全指南》规定，ABSL-1“适用于从事已知不会导致成人活性免疫疾病，并对人与环境只有极小危害的工作”。

2. ABSL-2——动物生物安全 2 级

（1）WHO《实验室生物安全手册》规定 ABSL-2“适用于从事针对蓄意感染过‘危险 2 类’（risk group 2）微生物动物的相关工作”。“危险 2 类”是指可能对人畜致病的病原体，但对实验人员、社区、牲畜、环境不会造成严重危害。实验室内接触可能引起严重感染，但可有效地预防与治愈，感染蔓延可以控制”。对于个体可造成中等程度伤害，对社会危害很低。

（2）CDC 和 NIH《微生物及生物医学实验室生物安全指南》规定，ABSL-2“适合从事涉及感染了人类疾病的实验动物工作，对人员及环境有中等程度的危害，它并强调可能有吸入性或经皮肤粘黏膜穿刺感染的风险”。

3. ABSL-3——动物生物安全 3 级

（1）WHO《实验室生物安全手册》规定 ABSL-3“适用于从事针对蓄意感染过‘危险 3 类’（risk group 3）微生物动物的相关工作，或由风险评估界定的此类工作。从事这类工作的所有设施系统、实验内容及工作程序均需年检认证”。“危险 3 类”是指可能对人畜严重致病的病原体，但通常情况下不会从一个感染个体传播到其他个体，同时具有有效的预防与治愈方法。对于个体具有高风险，但对社会危害仍低。

（2）CDC 和 NIH《微生物及生物医学实验室生物安全指南》规定，ABSL-3“适合从事针对感染了地方病或外来病原体实验动物的工作，该病原体可能形成空气传播，并可能导致严重，甚至致命的疾病”。

4. BSL-3Ag——生物安全 3 级农业类

美国农业部《农业研究服务设施设计标准》（ARS）规定，“利用大型动物从事生物病原体研究时，必须考虑其特殊要求。为了支持该类研究工作，ARS 已经开发出对该类建筑设施设计、施工及运营管理的特殊污染分级，即生物安全 3 级农业类（BSL-3Ag）。这类建筑设施在满足 BSL-3 防污染的基础上，按 BSL-4 设施的要求，加强对环境的保护”。

5. ABSL-4——动物生物安全 4 级

（1）WHO《实验室生物安全手册》规定 ABSL-4“建筑设施必须满足生物污染最高等级 BSL-4 的全部要求，并与国家、地区的相关规范、法规协同执行。如果 ABSL-4 类研究是在建筑中的单元空间内进行，除上述规定外，还应增加相应的实验操作及程序要求。ABSL-4 适用于从事针对蓄意感染过‘危险 4 类’（risk group 4）微生物动物的相关工作。“危险 4 类”是指“可能对人畜严重致病，并可迅速从一个个体直接或间接扩散到其他个体的病原体。还不存在有效的预防措施与治愈方法”。对于个体和社会均具有高风险。

（2）CDC 和 NIH《微生物及生物医学实验室生物安全指南》规定，ABSL-4“应用于从事针对感染了危险的或外来的病原体实验动物的工作，该病原体可导致严重威胁生命安全的疾病，可由空气传播或由其他不明途径传播。这类病原体或与其类似的抗原体的研究必须在 ABSL-4 设施中进行，直到研究取得足够数据以确定该类研究应继续在 ABSL-4 设施中进行，或重新划分其生物安全等级”。

四、不同标准法规对 ABSL-3 要求的比较

表 12-1 比较了 WHO《实验室生物安全手册》、CDC 和 NIH《微生物及生物医学实验室生物安全指南》、加拿大公共卫生署《污染类实验室生物安全指南》及美国农业部《农业研究服务设施设计标准》对 ABSL-3 类设施的建筑设计要求。需要注意的是,《农业研究服务设施设计标准》指南是针对 BSL-3Ag 实验动物设施，那里的动物不是饲养在圈笼中，而是敞放在房间中，因此动物房成为高风险病原体污染的初级围护结构。由此《农业研究服务设施设计标准》在这里较之其他标准、法规更为严格。

表 12-1 实验动物生物安全 3 级（ABSL-3）建筑设计法规比较

《实验室生物安全手册》	《微生物及生物医学实验室生物安全指南》	《污染类实验室生物安全指南》	《农业研究服务设施设计标准》	ABSL-3 建筑设施设计要求 ■ 必须执行 □ 在一定情况下要求执行
				位置及通行
■	■	■	■	设于具有可控制通道的隔离区
■	■	■	■	经双门式隔离间通行
■		■		隔离间双门需要连锁（不允许双门同时开启）
■	■	■	■	通往动物区的门须加锁
		■	□	设置通行电子控制系统
■	■	■	■	进出口须设置衣帽间（用于全身衣物更换）
■	■	■	■	进出口须设洗手池
■	□	□	■	进出口须设淋浴设施

续表

《实验室生物安全手册》	《微生物及生物医学实验室生物安全指南》	《污染类实验室生物安全指南》	《农业研究服务设施设计标准》	ABSL-3 建筑设施设计要求 ■ 必须执行 □ 在一定情况下要求执行
				实验室 / 动物间表面
■	■	■	■	实验台及其他表面须为非吸收性、抗化学腐蚀材料
		■	■	门及门框须为非吸收性材料
	■	■	■	所有表面应具有抗气体、抗化学腐蚀能力
■		■	■	所有表面应具有抗划伤、抗染色及抗潮湿能力
	■	■	■	密封室内所有墙体之间、墙体与地面、墙体与天花间的缝隙
■	□	■	■	动物间须具有抗气体消毒能力
	■			合理布置水管、排气管及灯具，尽量减少暴露的水平表面面积
				区域周边控制
		■	■	地面 / 墙体 / 天花应密封，避免空气穿透
■	■	■	■	应密封所有污染隔离围护结构上的钻孔、缝隙
■	■	■	■	应密封所有窗户缝隙
				污染隔离区周边围护
■	■	■	■	入口处设置空气流量、气压差监测仪
		■	■	房间完整性能检测
			■	气压衰减检测
■	■	■	■	提供高压消毒锅对污染材料消毒
		■	■	高压消毒锅必须是双门，污染侧设置生物密封条
		■	■	设置双门式隔离间和气体消毒间
■	□	■	■	给排水系统设置防回流装置
■	□		■	天然气设置防回流装置

续表

《实验室生物安全手册》	《微生物及生物医学实验室生物安全指南》	《污染类实验室生物安全指南》	《农业研究服务设施设计标准》	ABSL-3 建筑设施设计要求 ■ 必须执行 □ 在一定情况下要求执行
		■	■	隔离区排水系统与建筑其他排水系统分开
	□	■	■	给、排水排气孔与建筑其他排气孔或 HEPA 过滤器分开
		■		需要时提供真空泵
■	■		■	真空泵管线须设 HEPA 过滤器
				给排气及水、电、气设备服务系统
■	□	■		排风须设单层 HEPA 过滤器
			■	排风须设双层 HEPA 过滤器
			■	进风须设 HEPA 过滤器
■	■		■	排风空气须远离其他建筑或进风口
■	■	■	■	进风须为 100% 外部新风，一次通过，不能循环
		■	■	专属进风系统，与建筑其他部分进风系统分开
		■	■	专属排风系统，与建筑其他部分排风系统分开
■	■	■	■	定向气流
			■	不同房间须有气压梯度
		□	■	设置气泡密封式气压制动器防止进风回流
■	■		■	防止气流反流
■		■	■	保持实验室持久不变的正压
			■	提供备用排风系统
			□	提供备用进风系统
		■	■	设置气流失误警报器
			■	设置废水消毒系统

五、ABSL-3 加强型设施

《微生物及生物医学实验室生物安全指南》对 ABSL-3 设施的要求没有其他法规或标准严格，这是为了确保从事较低风险工作的实验设施不致超标准建设，以节约不必要的投资成本。不过，许多 ABSL-3 设施在满足《微生物及生物医学实验室生物安全指南》基本要求的同时，为保护人员安全、加强生物安全安保或增加环境保护的需要，经风险评估后可适当添加增强功能，以保证为所进行的实验工作提供安全保障。所添加增强功能可基于研究对象、所使用的动物类型、实验内容或建筑设施所处位置决定。ABSL-3 设施包括以下一些常见的“增强功能”。

1. 排风系统高效空气过滤器

虽然《微生物及生物医学实验室生物安全指南》没有明确要求对 ABSL-3 实验设施排风设置排风系统高效空气（HEPA）过滤器，但对实验过程中可能产生危险气体的实验室，通常建议添加 HEPA 过滤器。即使在很小的啮齿动物的房间中，如果圈笼作为初级污染隔离体，在更换圈笼、倾倒圈笼铺垫物时，如果操作不当，都可能在房间中产生危险气体。需要添加 HEPA 过滤器的另一个原因是避免污染近距离的相邻建筑物，因为实验动物设施的排气可能离相邻建筑的进风口太近。地处城市范围的这类设施通常都会添加 HEPA 过滤器，以进一步保证 ABSL-3 设施排气不致影响周围的环境。

2. 在 ABSL-3 设施出口或在动物房出口单独设置身体喷淋间

许多 ABSL-3 设施都在 ABSL-3 区域的出入口设置身体喷淋间。由于建筑设施对所进行的实验项目要求，在进出口设置淋浴间的目的除个人卫生要求外，也具有预防污染外泄的目的。一些从事高风险病原体实验的动物设施，还在每一动物饲养 / 准备区单独设置淋浴间及隔离间，既可降低 ABSL-3 区域内不同实验项目间的交叉污染，又可保护建筑内部人畜及外部环境安全。在确定是否设置淋浴间时，应综合考虑房间内可能产生的污染气体、实验性质及实验可导致的污染传播方式等各种因素。

3. 气体消毒功能

一些 ABSL-3 设施会设置气体消毒室，以便在一个实验项目结束后，准备下一个新的实验前，除对实验室全面清洁外，还提供完全消毒的功能。通常情况下，对墙壁和地板表面去污消毒就足以清洁房间；但在进行较高风险病原体实验后，为免除可能导致产生的疾病，许多实验设施的业主会考虑添加气体净化消毒功能。选择恰当的房间净化消毒方法至关重要。如果需要使用气体净化方法，必须事前知道所使用的化学类型；如果要使房间满足气体净化的要求，必须要选择适当级别的气密性，以确保有害气体不会在净化过程中溢出并渗透到周边地区。

六、开发建设 ABSL-3 实验动物设施的关键因素

在考虑制订 ABSL-3 设施任务书及开发建设过程中，有大量的问题和因素需要考虑。本节不可能讨论所有问题和因素，只是侧重于一些最关键的部分，即那些可以严重影响设施功能、建设投资额和运营成本，以及建筑物寿命期间预期可从事的实验项目的内容和范围。

1. 动物种群及数量

任何动物设施中，确定动物的物种及数目是一个关键因素。ABSL-3 设施中可能研究新型疾病，对其可能感染的动物对象尚不明确，在恰当的动物研究模型尚未建立的情况下，要确定这个因素可能极具挑战。影响确定实验设施中动物类型及数量的因素还包括诊断测试、患病动物治疗、基础研究和疫苗研制等功能要求。了解生物病原体类型、进行这项工作所需的适当物种及这些动物的种群普查都至关重要。

一旦动物种群和数量确定后，就可决定所需要的动物房数量。选择容纳单物种或选择可以灵活容纳多种动物，通常是决定动物房间功能和配置的决定性因素。尽管初期建设成本可能较高，但多数 ABSL-3 设施仍然希望选择可容纳多种动物的功能，以增强该设施在逾 30 年的建筑物使用寿命中的灵活性及多功能性。例如，在设施功能中添加地面排水槽和软管冲洗清洁站等，在进行圈笼饲养鼠类啮齿动物的研究设施中并不需要，但对满足未来研究其他物种动物创造了条件。在无法增加初期投资的情况下，要增加功能以获得后期的灵活性，

可通过适当减少动物房间数量的方法来平衡。这样在动物设施使用过程中，为可能发生的不同疾病威胁、动物模型和实验技术的改变提供了强有力的支持。

2．效率和流线

在实验动物设施中，合理布置动物、废物、材料和人员流通通道，实现高效合理的流通十分重要。不过在 ABSL-3 设施和更高生物安全级别的设施中，由于日益严格的实验程序要求，要达到高效流通并不容易。ABSL-3 设施比其他类型设施更容易产生交叉污染；因此为了降低这些风险，势必影响整个设施的流通途径及操作程序。尤其需要对废物、活的动物及动物尸体的输送路线进行仔细研究，以避免对其他实验项目、动物和人员产生不良影响。

实验动物设施中的通道在流通效率及交叉污染控制方面扮演着重要的角色。动物房及准备间通常布置在单通道（图 12-1）或双通道（图 12-2）周围。双通道布局可分隔人流与动物、材料流线；也可分隔“清洁”的动物、材料与已受“污染”的动物和废物流线。即使在“清洁”与“污染”分隔的通道布局中，也需要对“污染”通道采取足够的保护措施及程序，以降低污染物的暴露程度，防止交叉感染。在饲养大型动物的设施中，在“污染”通道运输大型活动物过程中如何避免增加污染程度是一个很大的挑战。在运输大型活动物后，对“污染“通道进行全面清洁消毒可解决这个问题。

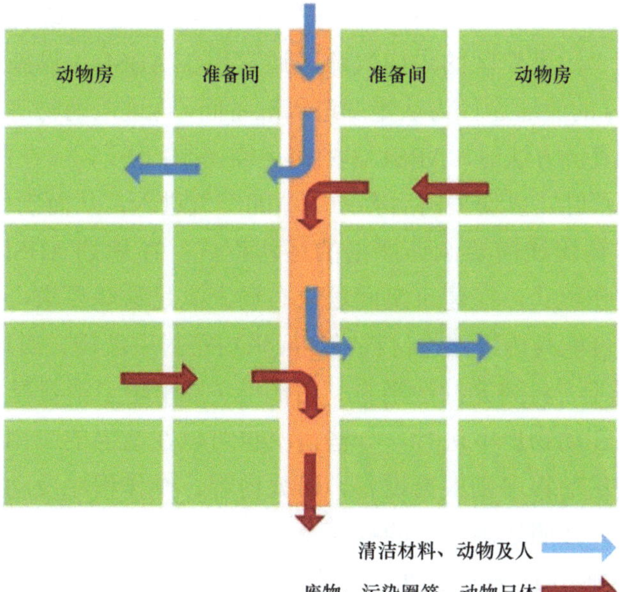

图 12-1　单通道布局示意图

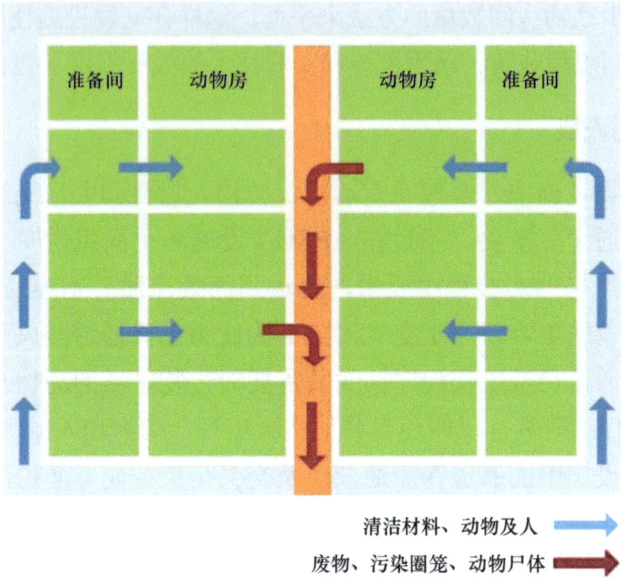

图 12-2 双通道布局示意图

3. 污染控制

动物设施中存在许多可能的感染源。最常见的两个传播途径是传送传染性物质的物理传输机制（如手套、动物笼子或其他对象）和空气中的悬浮颗粒。

防止空气传播的方法有利用密封围墙、门等阻止空气从一个空间到另一个空间的流通（通常用于 BSL-3Ag 和 ABSL-4 设施），或者通过空气由“清洁“区流往“污染”区的定向气流（通常用于 ABSL-4 设施）解决。在许多情况下，空气的流通途径为从走廊进入准备间，再进入动物房，然后排出建筑。当采用定向气流方法时，ABSL-3 的门无需密封；相反，应在门下方留出缝隙，或设置通风百叶，以便关门后有一定量的空气进入，从而确保气流定向流通。

控制传输流线需要制订严格的运作程式。在规划 ABSL-3 动物设施时，理解这些运作程式，在建筑空间设计布局上满足这些要求十分重要。从动物房对外运输可能具传染性的材料时，应采用密封垃圾袋、对垃圾袋喷洒消毒、密封动物圈笼、对圈笼冲洗消毒、对圈笼 / 推车轮子消毒等措施。通常执行这些措施都在动物房中进行，一些情况也可以在适当的专用空间中进行。人员离开动物房的程序则根据设备、研究内容、操作程序及动物产生的气化物而有所不同。按照逐渐严格的程序及因此逐渐增加的开发投资额，人员离开 ABSL-3 类动物房的方式有以下几种。

（1）在以圈笼为动物的初级防护设施，房间不存在污染时，人员可以在动物房中洗手或去除手套，脱下实验服及鞋套，即可离开动物房，进入走廊。

（2）在以圈笼为动物的初级防护设施，房间不存在污染并与准备房相连时，人员需要在动物房中洗手或去除外层手套，进入特定的准备房（本房间通常比动物房更“洁净”）。在准备房中脱下实验服或防护服，除去鞋套和内层手套，除去呼吸保护装置，洗手后离开房间，进入走廊。

（3）在以圈笼为动物的初级防护设施，房间不存在污染并与隔离间相连时，人员需要在动物房中洗手或除去外层手套，进入隔离间，或通过准备间进入隔离间。在隔离间中脱下实验服或防护服，除去鞋套（或换鞋）和内层手套，除去呼吸保护设备，洗手后离开房间，进入走廊。当使用高级人身防护设备（PPE）时，建议设置隔离间，以便储存呼吸保护装置、防护服、鞋 / 靴、手套、消毒剂及其他用品。

（4）当动物房附带淋浴间及衣帽间时，人员离开动物房，在内层衣帽间除去全部防护设备（PPE），全身冲淋后，在外层衣帽间换上干净衣服，再离开进入走廊。

设置专门的准备房间、隔离间和衣帽间也有助预防来自传染性材料的空气传播。虽然持续的定向气流和良好的密封房间可以有效地控制动物房中可能产生的污染气体，但在开门时，这些污染气体有可能从动物房中进入相邻的空间。Bennett 等在 2005 年进行的研究表明，位于实验室和走廊之间的隔离间使阻止污染物逸出的能力提高了 10 倍。

4. 房间密封度及测试指标

虽然《微生物及生物医学实验室生物安全指南》未明确规定 ABSL-3 房间的密封度及测试指标，但要求所有此类房间的围护结构——墙壁、地板和天花板的缝隙及孔洞需要密封，并应考虑整个动物房具备气体净化的能力。在不需要遵守美国标准的地区，用户和设计者可基于对设施的风险评估和对项目的详细了解，制订符合密封要求的具体解决方案。《微生物及生物医学实验室生物安全指南》对测试密封度尚无具体指标，烟支铅笔常用于测试给排风管道、水管或电气插座周围是否漏气。由于从外向内的定向气流可最大限度减少污染物外泄的可能，围护结构一定程度的泄漏可以接受。但是在对动物房进行气体消毒时，房间的给排风系统需要关闭，从而丧失自外向内的定向气流；同时气体消毒产生的热压力可造成一些杀毒气体通过泄漏点溢出室外。了解所选择气体消毒方式在杀毒过程中可能产生的气压，进而设计并测试房间在此压力下无泄漏的可能，就决定了该设施恰当的气密度。这个指标在保护建筑内所有成员安全，包括相邻动物房中动物的安全至关重要。

5. 给排风、给排水、电、气设计理念及应急后备

在设计 ABSL-3 设施中，另一个讨论的重点是如何为动物房的给排风、水、电、气设备检修提供通道。这些设计的不同方法将对污染区围护结构的整体性及建筑的投资产生巨大的影响。

一个方法是在动物房上方设置设备空间，供检修人员对服务动物房的暖通设备、过滤器及其他设备维护检修（图 12-3）。这个方法可以减少可能污染的给排气管道，并避免检修人员进入 ABLS-4 区工作；其缺点是造价较高。不过能够获得检修的方便及更高的安全保障，应该还是值得的。

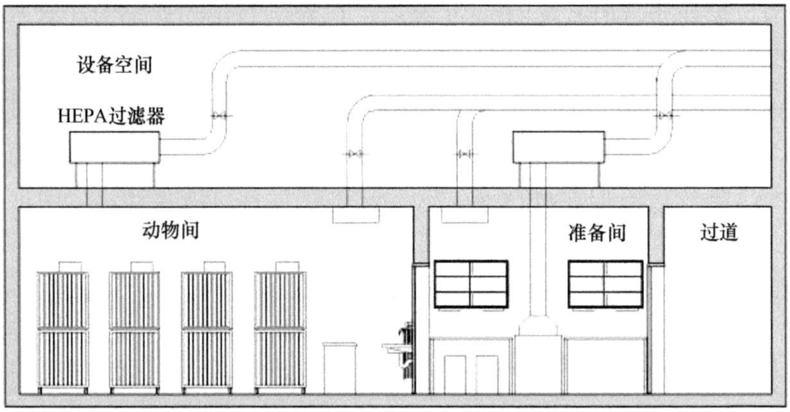

图 12-3　剖面图显示动物房上部设置设备空间

另一种方法是在动物房及准备间上边设置设备夹层（图 12-4）。这样管道控制阀及其他需要检修的部件需通过动物房内天花维修孔或动物房外相邻的可开启天花维修孔到达。动物实验室的操作程序建议设备管道维修人员最好不要进入 ABSL-3 内工作。这个方法的另一个问题是如何密封内部天花维修孔。在实验设施建造初期，这些天花维修孔的密封和检验就很困难，使用中开启后的再密封与检验就会更加困难。加之很难确定天花维修孔开启时是否会污染天花夹层。在这种情况下，需要采用管道遥控系统及 HEPA 过滤器，以减少维修空间及污染区围护结构可能的泄漏。这个方法也增加了从动物房

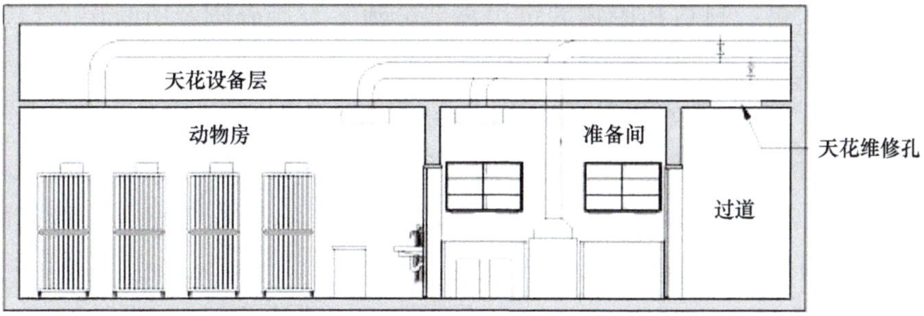

图 12-4 剖面图显示动物房及准备间上方设置设备夹层

至 HEPA 过滤器的部分给排风管道形成污染的可能。

《微生物及生物医学实验室生物安全指南》指出“ABSL-3 动物设施的设计须保证在给排风系统停止工作的情况下导向气流也不回流”。为满足这一要求，设计中必须考虑几种故障情形，以防止在任何情况下 ABSL-3 泄漏。通常需要增设备用电源、备用排气扇和备用空调机组来满足要求。

6. 安全和安保

在所有动物研究设施中，尤其在 ABSL-3 或更高污染等级的设施中，安全和安保是一个十分重要的决定因素。ABSL-3 设施可能存在有人企图窃取生物病原体、窃取专利研究资料或动物维权分子暴力活动等风险。因此在规划及设计 ABSL-3 设施时，应从不同尺度考虑相关的安全和安保措施。

对动物安全设施增加安全及安保保障的措施之一是在设施周边设置与建筑物保持足够安全距离的可控制出入口（图 12-5）；动物运送区域应设置视

图 12-5 ABSL-3 设施通行控制示意图

线屏障物；人员、材料和废物的进出需要分流；设施外围及所有出入口需设置监视摄像机。

“公共”活动及交通应远离 ABSL-3 区域及其交通范围。在火灾或其他紧急情况下，逃生紧急出口路线不应穿越 ABSL-3 安保区域和路线。在 ABSL-3 区域内，应考虑提供进出口控制设备，并在交通节点及其他关键区域设置安保监控摄像机。

七、总结

本节初步介绍了《微生物及生物医学实验室生物安全指南》及其他相关法规和标准对 ABSL-3 设施建设的部分要求，但篇幅所限无法在此罗列全部要求。本节讨论了规划建设 ABSL-3 设施的主要指标，其中包括使用生物病原体的风险评估、了解影响 ABSL-3 设施设计的准则，以及确定何时何地应该添加增强功能等相关问题。任何人在规划、设计、施工及运营管理新建或改建 BSL-3 或 ABSL-3 设施时，都必须要与建筑师、工程师和地方相关部门协同，全面考虑解决安全和安保等关键问题。

（作者：Ross Ferries　邓幼莹　Jerry Percifield；翻译：Larry Lord）

第二节　高效节能动物实验室设计

在充分保障科研人员的健康安全和提升动物养护质量的前提下，随着最近规范和建筑设计标准的更新，加之科研建筑监测控制系统、圈笼设备等高新技术的发展，动物实验设施设计人员和管理者已经研发出节省能源、降低运营成本的设计新方法。本节就以下几个方面进行深入讨论。

（1）规范和建筑设计标准修改为节能设计创造的条件。

（2）了解设备需求。

（3）独立通风笼具（IVC）圈笼和节能变量给排气（VAV）圈笼的管理与使用。

（4）进风监测与可挥发有机化合物（VOC）的监测控制。

（5）按需调控的排气（DCV）系统。

本文将以美国 Perkins + Will 帕金斯威尔建筑设计事务所最近的建筑项目为例，详细介绍设计实践中如何运用这些更新后的规范标准及新技术。

一、可持续发展动物设施设计

动物实验设施在实验室建筑类型中对能源的需求量最大。由于规范、标准及运营指南特别要求高换气率，100% 室外进风，甚至要求设置 HEPA 过滤系统，加之一些动物房防生物污染（ABSL-2 级或 ABSL-3 级）的需要或为隔离特殊病原体（SPF）类动物的洁净区需要，使这类实验动物设施的设计更为复杂。

养护鼠类或其他小动物的设施中，通常需要设置盥洗间，用于洗涤、消毒及装备鼠等小哺乳类动物圈笼。通常这类盥洗间对能源的超大需求，决定了整体设施对水、蒸汽、和电力的需求量。

过去两年中，设计规范与运营标准的改变，动物养护设备的更新，节能产品的市场化，为新建或改建动物设施实现可持续低能化、低碳排放创造了条件。本文拟讨论如何通过暖通给排气设计的方法获得巨大的节能回报。

1. 降低给排气频率

传统的实验动物设施设计指南要求达到 10 ～ 15 次新风换气率，这是造成二级动物围护设施（动物房）巨大能耗的主要原因。这个要求是由美国国家研究委员会经过一定时间的实践总结，由其出版的《实验动物维护与使用指南》（文中简称为《指南》）所规定的，并且该《指南》通行于世界各个国家。在大多数小型动物实验设施中，该《指南》的使用造成了过度换气的情况。

国际实验动物评估和认证委员会一直用该《指南》评估和认证实验动物设施。在欧盟国家，国际实验动物评估和认证委员会将该《指南》与《动物养护与照护指南》（ETS no. 123）并用，作为评估实验动物设施标准。修订后最新版本的《指南》（第 8 版）于 2011 年秋季实行。它从整体观点出发解决给排气的相关问题，并认识到新开发并被广泛接受的 IVC 和 VAV 的投产与使用。新版《指南》并未排除在动物房中使用循环回风给排气的可能。

从传统单一的给排气标准，更新到现在因地制宜评估基本维护设施及小环境，允许设计人员在满足温度、除臭、排污染的运营标准的情况下，根据动物房实际情况设计恰当的给排气系统。对动物房暖通给排气系统，包括圈笼类型、房间总给排气量、设备及人员热负荷及圈笼排风方式等的精心设计，会对可持续高性能的能源利用产生极大的影响。

图 12-6、图 12-7 所示动物房平面图展示了在一个中等大小的动物房中，使用 IVC 圈笼系统，并调节室内进气流量（对应硬性的每小时 12 次换气）对节能及圈笼密度的影响。

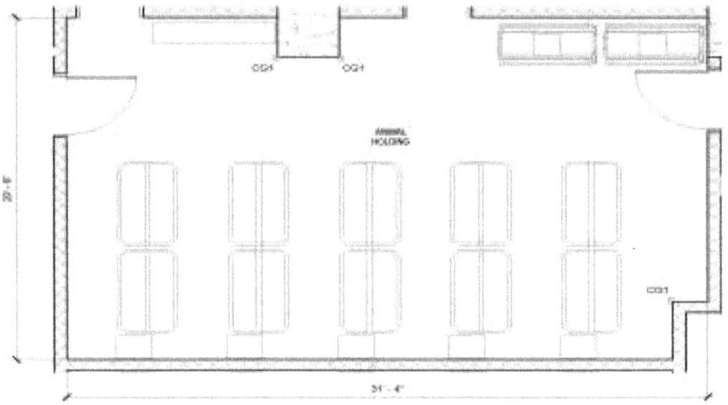

图 12-6　650 平方尺①传统动物间布局

2. 传统动物间设计

（1）微隔离型（静态）鼠笼；

（2）房间正压设计；

（3）平均每房每小时 12 次换气（符合传统《指南》标准要求）；

（4）每房容纳 700 ～ 750 鼠笼；

（5）气流＝ 1156CFM（立方英尺②/min）+ 300CFM 以保持正压；

（6）合计 1456CFM / 每房 或每年花费 10 192 美元（在休斯敦地区，每年每 CFM 付费 7 美元）。

3. 高效节能动物间设计

（1）采用 IVC 圈笼系统，圈笼与房间（二级防护设施）均为正压设计；

（2）利用单体排风扇保证每个圈笼换气达 50 次；

（3）圈笼与笼架均采用直接排气系统；

（4）房间可容纳 1400 个圈笼；

① 1 平方尺≈ 0.111m^2，后同

② 1 立方英尺 =0.028 316 8m^3，后同

（5）排气量——房间采用 5 英寸①套管式排风（120CFM），进风为 300CFM 以保证房间正压；

（6）房间换气率 9 次；

（7）每年排气量 900CFM，折合每年 6300 美元；

（8）由此每一动物间每年节省暖通给排气能源 3892 美元。

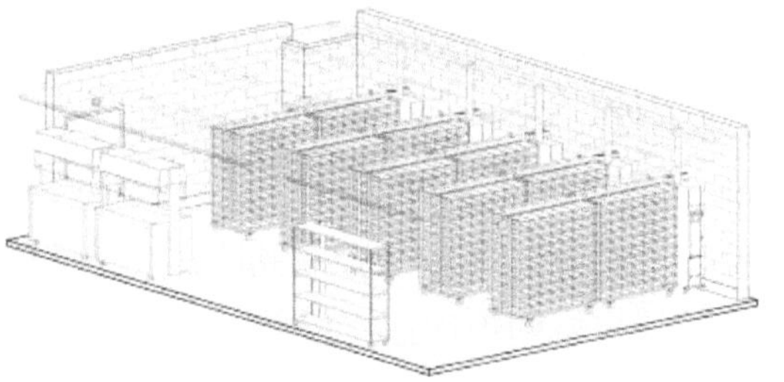

图 12-7　高效节能动物间布局（采用 IVC 圈笼系统）

图 12-6、图 12-7 以一个中等规模、约 650 平方英尺的动物房间为例。房间内圈笼密度以公认规范为基准布置。在使用 IVC 笼架时，排风系统设置 HEPA 过滤器。采用 IVC 笼架的另一个优点为每个房间的笼密度可增加 1 倍。笼架的废气或通过蛇形管，或如本设计通过房间套管式排风口与建筑排气系统直接连接排放。这种直接排放方式可消除房间余热和气味，并可保护饲养动物与过敏原的接触。图 12-6、图 12-7 中所示只是一个中等规模动物间的节能示范，相对实验动物设施整体来看，其潜在的节能量则成倍增长，这会是一个可观的数字。

前文是以固定排风量的给排风系统为例。如果在动物间不总是满员的情况下，对进风、排风管道均设置变气量调节（vav）阀门控制，则可达到进一步节能的效果。以图 12-7 所示动物房为例，房间设置有 12 个笼架共 1400 圈笼。如果实验中只需要 700 圈笼，则可将 VAV 阀门调节到 6 个笼架进出风位置，这时需要的气流量降低到 660CFM，减少的气流量每年可再节约 1680 美元。这两个节能例子中，房间仍然维持着 50 次换气率，以保证动物研究的优良环境。

进一步优化控制空气流量率的方法是设置给排气流量控制监视（DCV）系统及建筑控制管理中央系统（BMS）。现已投放市场应用的产品可通过监

① 1 英寸 =2.54cm，后同

测挥发性有机化合物（VOC）、氨气、臭味及温度，自动调节房间给排气以满足设施要求。系统所监控的信息还可记录在册，当国际实验动物评估和认证委员会在现场对实验动物养护评估验证时，可保证满足该委员会对建筑和动物二级维护设施的最高标准。由 DCV 系统结合 VAV 阀门可自动快速调节满足换气率要求，并同时达到高效节能的目的。如今许多 IVC 圈笼可以安装无线监测系统，用于测量圈笼维护范围内的环境状况，包括温度、湿度、换气率、过滤器和吹风机的工作状况，以及圈笼气压等，成为进一步的预警系统。这些监测信息可传至建筑控制管理中央系统（BMS），以便监控人员即时掌握情况。

这种按需求控制给排气而增设的 VAV 控制阀的建设初期投入极高，需要在设计时做细致的造价及节能投资回报评估。反之，恰当功能的传统固定给排气系统的初期成本低，其投资回报可以通过节能很快实现（图 12-8、图 12-9）。

图 12-8　环境监测系统

图 12-9　IVC 圈笼架排风连接示意

二、按需控制给排气（DCV）系统

1. DCV 系统指南

实验室的耗能大户是给排气系统。在现今出版的设计指南中对给排气率的规定均为建议值，而非限定值。在最新出版的设计指南中，已经删除了固定的每小时换气率部分，暗示动物实验设施可以接受安装按需控制给排气（DCV）系统。

（1）《美国防火协会标准》（45 NFPA 45—2011）2011 年版——关于使用化学物品实验室的防火标准：已经删除关于实验室换气率的建议，仅要求提供连续通风。

（2）《美国国家标准》（ANSI Z9.5—2011）2011 年版——实验室通风标准：指出“换气率（每小时换气次数）无法规定以满足各种不同情况的需要”。

（3）《职业安全与健康管理标准》（OSHA）要求在有通风柜的房间中，应保持 4 ～ 12 次换气率。

（4）《全美采暖、制冷及空调工程师协会手册》（ASHRAE 2011 Handbook）2011 年版关于实验室的第 16 章建议使用 DCV 系统。它甚至建议当实验室空气洁净、无人状态时，换气率可降到 2 次。

（5）《国际机械规范》（IMC 2009）2009 年版以《全美采暖、制冷及空调工程师协会手册 62.1》（ASHRAE 62.1）规定为参考指标，但由于 2009 年发布的《国际机械规范》（IMC 2009）出版在前，尚未借鉴《全美采暖、制冷及空调工程师协会手册》（ASHRAE 2011 Handbook）2011 年版内容。

2. DCV 系统组件及工作原理

DCV 系统需要一个可以监测污染的感应系统（图 12-10）。这套系统包括空气采样感应器、采样数据分析软件，以及使用分析数据自动控制进、排风量的调气阀门。监测的污染物包括：

（1）一氧化碳：通常监测进货平台、停车库及其他机动车运行的地方。

（2）二氧化碳：通常用于人群集中的演讲厅、讲堂或会议室以计量人群密度；动物设施中监测的二氧化碳主要来自动物安乐死操作。

（3）微尘：监测来自动物毛发和皮肤屑等微尘。

（4）VOC 监测：在实验室中用于挥发物及化学物品溅漏监测，在动物房

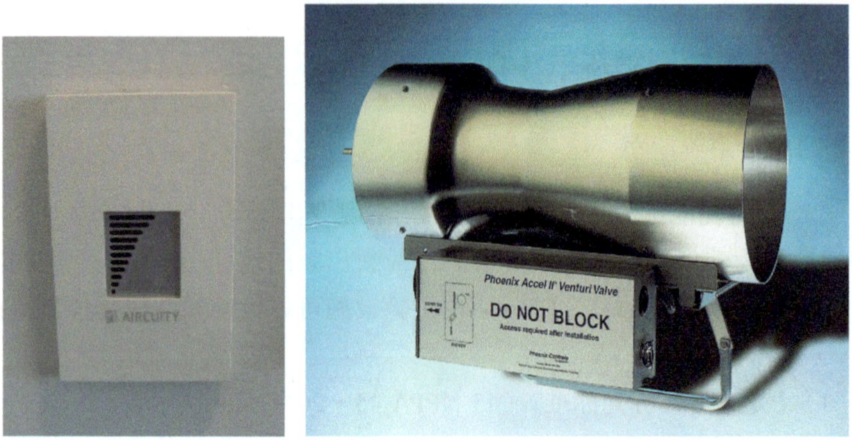

图 12-10 监控传感器可设于墙上或置于排风管道中（Phoenix Controls 产品）

中用于氨气监测。

多数情况下使用相同感应器可监测不同的污染物。对监测微尘和 VOC 的感应器软件稍作调整，即可用于监测二氧化碳。这些感应器也可监测温度和湿度，但其监测结果仅作数据资料存档，不作调控给排气资料用，以避免引起两套系统的操控混乱。一旦监测污染数据超过预设指标，实验室控制系统（当前市场上使用最广泛、自动反应最快的是 Phoenix Controls 文氏管流量阀门）则会按给排风设计要求，启动加大一档换气率，必要时达到设计最大换气率（另一类通过“开 / 关”控制给排气系统），直到完全清除污染物。这套系统允许在空气清洁情况下，保持每小时 4 次换气率，只在有必要清除空气中污染物的时候增加换气率。通过调查科研设施运营的数据显示，安装了 DVC 系统的设施 98% 的时间都处在低流量给排气状态运行。由软件程序决定选择“开 / 关”或选择增加换气次数的操作控制系统。增加换气率的系统只需增加少量新风即可达到排污目的，是更为节能的方法，同时对给排风系统的压力更低。不过也有一些科研单位愿意使用“开 / 关”系统，以获得更快的排污反应。

3. DCV 系统操作的可行性

在室内无人状态，如果给排气系统可降低到 2 次换气率，则可进一步节约能源。在没有 DCV 系统自动控制的情况下，《全美采暖、制冷及空调工程师协会手册》规范要求用户必须制定明确的工作时间表并严格执行。当系统处于无人低给排气状态时，实验室入口必须关闭。上班前 1 小时，给排气率需要增至有人工作状态。这种硬性工作时间制度会影响实验人员工作的灵活性，或影响需要全天连续实验项目的进行。由于 DCV 系统具有实时监测人员活动功能，并根据监测结果自动调节换气率，因此《全美采暖、制冷及空调工程师协会手册》2011 年规范允许具有 DCV 系统实验室取消硬性工作时间制度规定。当人员 / 活动监测感应器控制电灯开关的同时，也给了实验室控制系统“有 / 无人”状态的指示，系统即可即时调节换气率。

最新修改的设计指南还调低了通风柜最低排气量的要求。《美国防火协会标准 45》（NFPA 45–2011）删除了曾经的 25 立方英尺 /[min（CFM）· 平方尺] 的最低排气量规定，改为参照《美国国家标准 ANSI Z9.5-2011》规定。《美国国家标准 ANSI Z9.5-2011》则规定通风柜操作窗关闭时，通风柜内部最低排气量应为 10CFM/ 平方尺。调低通风柜排气量的规定正好与调低实验室换气率的规定相匹配。在设有通风柜的实验室中安装 DCV 控制系统可进一步降低换气率。

4．现有科研建筑中添加 DCV 系统

在现有建筑中安装 DCV 系统后，需要重新测试并调整给排气率，这样可挖掘节能的巨大潜力。相对现有科研建筑中的 10 ～ 12 次换气率，安装 DCV 系统后可以将换气率安全的调低到 4 ～ 6 次，在无人状态下还可调至更低。由于监控系统可以在喷溅发生时监测并立即提高换气率清除污染，因此安装 DCV 系统后，较传统的换气方法更为安全。实践证实，这套系统较之固定换气率的系统可以更快清除污染并更新空气。无论新旧建筑，实验室设计的重点是高效节能。DCV 系统也可用于可变气流量（VAV）给排气系统的设施中，这时最好使用可变气流量（VAV）通风柜。考虑在现有设施中添加 DCV 系统的步骤如下所述。

（1）首先需要确认房间中设有排风管（没有排风管，仅用通风柜排风的房间则无法设置 DCV 系统），并保证每 1000 ～ 1200 平方尺空间有一个管道接口。

（2）其次从用户处得到现存最小换气率资料。如果没有资料，要求取得建筑控制管理中央系统（BMS）给风终端数据，以换算最小换气率；如果还无法获得该资料，则需检验房间给排气平衡表，或通过检验、平衡报表（TAB）

决定通风柜处于低流量时的最小换气流量。

（3）检查现有房间平面图，包括给排气设计图，以便了解实验室布局等资料，排除通风柜给排气区域（通常界定为每 500 ～ 700 平方尺面积有两个以上通风柜区域）。在通风柜给排气区域中，按照《美国国家标准 ANSI Z9.5-2011》新规定，将原有通风柜内部最低排气量从 25CFM/ 每平方尺调低平衡为 12 ～ 25CFM/ 每平方尺。

（4）检查现有 VAV 终端是否可满足调低换气率后，平衡系统的新 CFM 设置点要求。如果原有设备不是 Phoenix 系统产品则可能存在问题，这个系统还需在空气流动维持偏置率的情况下保持平衡。

（5）在这个过程中，一些现有实验室的给排气系统可能无法正常工作，因此应该预留一些资金以便对系统进行现场检测调试（commissioning）。这笔资金可以来自甲方的工程不可预见费，作为现场检测调试发现问题时使用；也可另留一笔资金作为将来维修费用。

（6）确定当系统开始运行后，是否还需要对实验室进行现场检测调试。

（7）确定多少信息需要在建筑控制管理中央系统（BMS）显示。

（8）确定哪部空气压缩机供应哪些实验室，以保证给风能力定位恰当，并满足要求。

（9）确定甲方需要设置什么样的报警系统，如污染警报、给排气紧急报警按钮等。

（10）确定与建筑控制管理中央系统（BMS）的连接方式（有线连接或使用 BacNet 建筑自动化控制网络）。

5．DCV 系统应用实例

美国德克萨斯州儿童医院神经学研究所有三个实验室楼层设置了 DCV 系统。每一楼层有两个实验室，每层有独立的空气处理机组和中央排气系统。该给排气系统换气率设计为紧急状态最多 10 次，空气清洁时 4 次。图 12-11、图 12-12 说明了在同一时间段内 DCV 系统是如何工作的。

图 12-12 显示图像电离感应器检测到挥发性有机物（TVOC）的总量。这个特殊的感应器可以检测到从 0.1 ～ 5ppm 的挥发性有机化合物。从下午 5 ～ 6 点，它显示挥发性有机化合物有所升高。图 12-12 所示图像电离感应器校准后还可检测微量氨气，适用于动物房。

图 12-11 德克萨斯州儿童的医院神经学研究所（摄影 Nick Merrick with Hedrich Blessing）

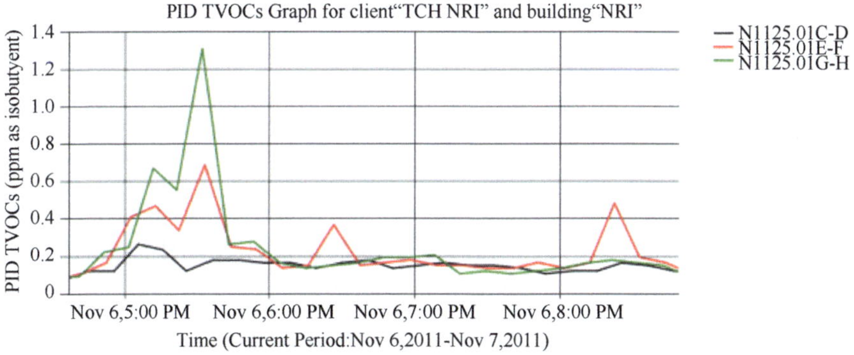

图 12-12 图像电离感应器检测结果 1

图 12-13 显示傍晚 7 点左右，金属氧化物感应器检测到挥发性有机化合物含量升高。本感应器可检测范围在 0.1 ～ 5ppm 的挥发性有机化合物。上面两个感应器组合在一起，可以探测大范围的有机污染物。

在上面两种情况下，实验室的换气率随着进风量 CFM 的加大而增加。从图 12-13、图 12-14 中可以看到，挥发性有机化合物达高峰时，换气率立即

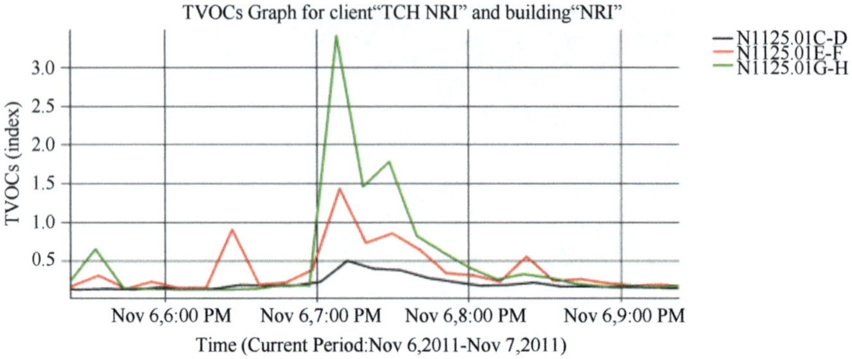

图 12-13　图像电离感应器检测结果 2

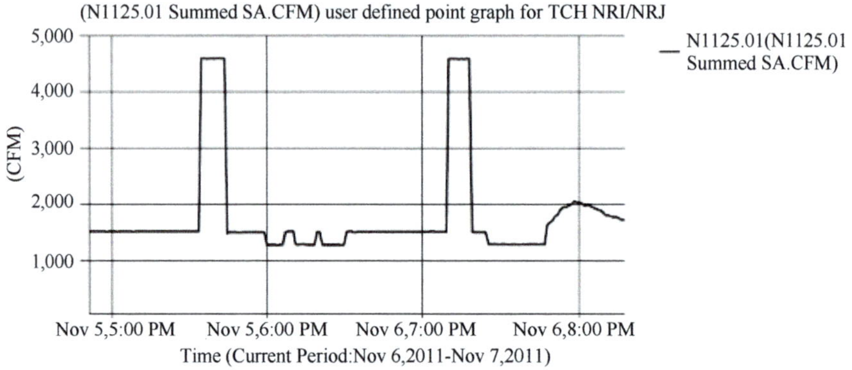

图 12-14　进风流量图

增加，挥发性有机化合物相应急剧减少，形成图像中的尖峰。一旦污染物被清除，空气 " 干净 " 后，进风 CFM 又回到正常值，这充分说明了 DCV 的功效。可以注意到进风 CFM 值的增加与换气率并不对等，这是因为洁净实验室内 40% 的空气可以循环流通，以此减少用于冷却和加热外部新风流通所耗费的能量。重新使用的 40% 空气只适用于在实验室自身区域内循环，来自实验室外部的空气不允许循环进入实验室，这是因为实验室以外的其他地区未设空气采样感应器，无法保证这些空气的洁净。

图 12-15 所示感应器通过向实验室控制系统发送降压信号联系。一旦电压下降至 2.5V，控制系统立即进入紧急状态。由于这是一个“开 / 关”型系统，系统的换气率立即转换到最高的 10 次换气率。如前所述，系统也可设置为逐步升高换气率模式，即随着电压降低的不同值，系统将随之转换到相应的换气率。

当空气取样感应器发出警报，系统可以及时通过变速风扇反应，这样不但提高了设施的安全度，还利用这种综合系统极大地节约了能源。一旦系统

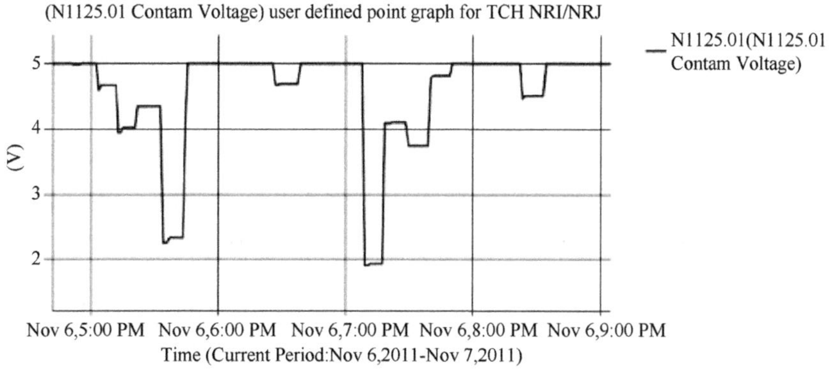

图 12-15　感应器电压信号图

监视到喷溅，排气风扇会立即把换气率从 4 次增加到 10 次，向喷溅区域传送新鲜空气。利用这套持续监控变速排风系统，较之传统实验室给排气系统可节约一半能源。这一新型系统应该用于大多数科研建筑、医疗建筑，以监测空气质量，增加安全性，并节省运营费用。初期投资回报率根据不同项目的感应器更换时间表、设计的最小和最大换气率值、能源价格，以及是否使用可回收新能源系统等因素决定。有时，由于喷溅同时发生在所有地方的可能性很低，这套系统的初期投资可通过降低中央空气处理机（AHU）功率或减小排气管尺寸等方法降低。当然这需要根据项目实际情况分析决定。

（作者：Ed Cordes　Jason T. Chan；翻译：邓幼莹）

第三节　可持续发展高性能科研建筑设计

可持续发展高性能科研设施设计的基本宗旨为促进创新，创造有利科研协作的环境，以期提高科学研究的效率和可靠性。根据自然的基本功能与原则，科研建筑师和工程师可以帮助研究人员以新的方式，加强与设施、研究员之间及与社会的衔接。先进的科研设施可以吸引最优秀的研究人员，并促进尖端科技的研发。本节将以全球最先进的高性能实验室为例，介绍相关的建筑设计标准与实用设计方法。文中由美国 Perkins + Will 帕金斯威尔建筑设计事务所开发的最佳实践标准和数据，已由美国能源部收录于 21 世纪实验室研究项目资料库。

不同于常规、高性能标准的使用，允许设计团队根据建筑的特性，以灵活又富有创意的方法进行设计。基于高性能标准的要求，建筑设计需满足能源、水、材料和室内环境质量等高水平的要求。此外，每个建筑应争取较《全美采暖、制冷及空调工程师协会手册》（ASHRAE 90.1—2007）节约 40% 以上能源。

通常情况下，科研实验建筑的耗能超过普通办公建筑的 5 倍。至于特殊科研建筑，如高污染控制实验室或动物研究实验室，其耗能比率甚至更高。设计这类与能源密切相关的建设项目，必须全面考虑包括能源强度、风扇电力、气压差、换气次数、照明功率及密度、太阳能热量增益和设备功率密度等各项因素。此外，还必须考虑诸如水处理与管理的综合因素，其中包括科研建筑的节水及废水处理等。

本书所涉及的实验室高效能要求可大致分为通风能耗和热驱动能耗两类实验室。本书旨在为科研人员提供健康舒适的研究环境，以充分考虑自然采光、视野景观、健康的建材和高水平的室内空气质量前提，为科研建筑设计团队提供具体的节能设计策略。这种高性能设计策略可在设施使用中达到节能、节水、降低运营成本的目的，并提高使用者对建筑总体的满意度。

一、可持续发展高性能研究设施设计途径

所有建筑类型的可持续设计方法应首先从研究建筑的通风、散热保温、照明等耗能荷载入手；其次研究如何更高效地满足这些荷载；最后研究采用符合可持续发展要求的补充新能源。

虽然实验室类型各异，对可持续性、高性能的需要也应按其特性具体分析、分别对待；但对所有这类研究设施的设计，也有实现高性能标准的共性可遵循。本书着重讨论适用于所有研究设施的高性能设计策略及规划设计方法，并进一步讨论通风能耗和热驱动能耗两个主要类别的实验室空间环境的影响及设计原则。

二、高性能实验室设计策略及准则

（一）高性能实验室设计策略

（1）确定恰当的通风载荷并满足水暖热负荷的需要。冷梁通风系统值得

提倡，类似的还有辐射通风顶棚和风机盘管通风系统等供选择。

（2）废水余热回收可用于进水预热。

（3）利用冷凝水降低进风温度。

（4）利用实验室废气回收能源。在可能的情况下，应使用双轮技术最大限度地回收能量。

（5）使用保温存储设备（冷水 / 冰）减少中央空调系统的峰值负载。总体来看，这个方法虽然不一定能节省能源，但它有助于降低峰值负载，以减少制冷机组大小。

（6）热电联产系统和热电冷联产系统的可行性研究，即利用发电工程中产生的废热生产冷、热水，这些都是可以减少碳排放量的好方法。吸收式制冷机还可以利用太阳热能运行。

（7）鼓励建筑使用者创新的一个方法是在设施内对每一用户设置一个小型的碳排放帽，并对低排放者进行奖励。

（8）排放模拟模型：使用数学模型或物理模型来保证设计各项指标符合《职业安全与健康管理标准》（OSHA）的要求。

（9）采用全面的设备调试（commissioning）服务，其中包括对通风柜的现场调试服务。

（10）后期测量及验证：虽然这无关建筑设计方法，但后期测量和验证可以为设计过程提供依据及基准。建筑竣工使用后，应提供至少一年的测量和验证服务，同时应制定在建筑未达到预期能源目标时，需要实行的补充行动计划。如果建筑由不同用户分租时，应对每一租户空间提供分户水、电、气计量表。能量模型应根据测量及验证结果重新校准，其重新校准数据可用于创建未来模型。

（11）百叶窗帘：百叶窗帘的使用对项目的成功至关重要，它为使用者提供了温度和视觉舒适的必要条件。设计人员应注重百叶窗帘在建筑物内部空间的设计。直射阳光会增加空间上的热负荷，并产生眩光，因此设计中应该注意减少直射光。所有建筑物都应减少夏季阳光直射，同时又利用百叶窗帘或遮光板等间接自然采光照明。一些空间还可以使用冬季阳光被动式太阳能采暖。

（二）实验室基础标准

（1）能源使用强度：2000 ～ 3500MJ/(a·m^2)[180 ～ 320kBTU/(a· 平方英尺)]。

（2）碳排放强度：以平方英尺 / [（a · kg 二氧化碳当量）衡量]，建议范围为 225 ～ 375kg/（a · m^2）[50 ～ 75 磅 /（a · 平方英尺）]。

（3）照明功率密度：应低于 11.8W/m^2（1.1W/ 平方英尺）。高性能实验室则应低于 10.8 W/ m^2（1.0W/ 平方英尺），本数字应包括台灯照明。

（4）太阳的热量增益：应低于 10.8W/m^2（1.0W/ 平方英尺）。

为了更好地理解能源使用对环境的影响及相应的高性能设计方法，以通风驱动和热驱动两类实验室设计为例进行讨论。由于这两类实验室的能量需求及相应的设计方法大不相同，所以必须充分了解它们各自的特点、标准要求与设计方法。

（三）通风驱动类实验室

这类实验室由通风荷载决定耗能量及暖通给排风设计。气流在这些实验室的移动途径关系到健康问题和安全问题，这可以通过实验室排风实验设备（如通风柜或排烟罩等）解决，也可由满足确保健康和安全要求的建筑最小排风量要求解决。

1. 相关因素和潜在问题

（1）换气率：对换气次数尚无固定的准则。

（2）排风管内气流速率：排气流速越高，噪声越大，耗能越大。

（3）系统的气压差：管道中的静压差会加大风机扇能源消耗，因此需要采取措施减少管道静压差。

（4）通风柜密度：在 32 英尺①长、32 英尺宽、10 英尺天花高度的实验室中（相当于 9 个标准实验台模数），8 英尺宽的通风柜可提供每小时 6 次以上换气。

（5）需要处理的空气体积越大，需要消耗的能源越多。

（6）排风管大小与排气量的大小成正比。

（7）如果未控制进风温度，则可能造成过度制冷或产生额外预热需要。

2. 设计策略

（1）确定恰当的通风载荷。在没有通风柜的房间，为降低通风荷载，应考虑采用空气采样技术（如安装 Aircuty 系统），最低换气率可调到有人时每

① 1 英尺 =0.3048m，后同

小时 4 次，无人时每小时 2 次。

（2）在有通风柜的房间，为降低通风荷载，应考虑使用带流量传感器的低流量通风柜或变量空气通风柜。

（3）可以通过设置大型天花上部空气层，以降低通风管内空气流动速率，减少气压流失。

（4）供气温度应设在中性温度（68 ℉）左右。在产生高热的实验室中最好设计冷梁。

（5）高温、高湿的环境中，用于除湿的能耗极大（约为感应制冷负荷的 7 倍）。可以存储除湿过程的冷凝水用于预冷进风，然后再用于冲厕。

（6）可利用办公区排风为这些实验室空间补充进风。

（7）采用双轮技术回收一般实验室排气作为补充能源（热含量轮和感应轮，并用于预热）。

3. 实验室设计特定基础指标

（1）空气处理机最大风速为 350fpm（立方英尺 /min）

（2）系统总压差为 5 英寸。

（3）换气次数：在采用污染空气监测，如安装 Aircuity 系统的情况下，最低换气率可调到有人时每小时 4 次，无人时每小时 2 次。

（4）另一个衡量标准为外部空气流量 CFM / 平方英尺（不计天花板高度）。有人时 0.67cfm / 平方英尺，无人时 0.33cfm / 平方英尺。

（5）风扇电能：kW/（L.s）：0.14kW / L-s［0.3kW /（立方英尺 · min）］0.32kW/L-s［0.6kW /（立方英尺 / · min）］。

（6）照明功率密度：应低于 1.1W/ 平方英尺。高性能实验室低于 1.0W/ 平方英尺。这一数字应包括台灯照明。

（7）太阳的热量增益：应低于 1.0W/ 平方英尺。

（8）设备功率密度：1 ～ 4W/ 平方英尺。如果任何实验室设备功率密度高于此规定数据，该实验室称为热增益驱动类实验室。

（四）热增益驱动类实验室

在这些实验室中，给排风负荷受室内灯具和设备产热决定。部分实验室要求全新室外风，以保护实验室中的材料免于污染。另一些实验室则可使用循环回风，因为它们与无污染的办公室相同，只是较之多一些设备负荷。在所有这些实验室中，空气的换气率由空调降温负荷决定，而与给排风负荷无关。

1. 影响因素及潜在问题

（1）有人时的换气率：对换气次数尚无固定的准则。这类实验室空气流通的主要目的是保持良好的室内空气质量。

（2）如果给排风的主要目的是降温，100% 室外进风非常耗能。

（3）太阳热力和照明会增加热负荷。

（4）由于有污染的可能，无法使用自然通风。

（5）如果这类实验室与其他实验室共用一台空气处理机，则可能导致其他实验室进风由于温度下降而需要预热。

（6）这类实验室的热负荷可能增加换气次数多达 15 次，制冷时可能需要处理大量的外部空气。

（7）可能需要加大排风管尺寸及增强风扇功率，以达到降温目的。

（8）当实验室内部热负荷增加时，需要重新调节给排风系统，如果现存空间不足，则无法扩大给排风管道。

2. 设计策略

（1）确定合适的通风载荷并满足水暖热负荷的需要。冷梁通风系统值得提倡，类似的还有辐射通风顶棚和风机盘管通风系统等供选择。

（2）降低照明密度，因为照明所产生的附加热量使问题变得更糟。可通过日光感应器进一步减少照明负荷。

（3）通过合理设计建筑朝向及增加遮阳等方法，降低太阳照射产生的热负荷。设计应保证太阳热负荷峰值低于 1.0W/ 平方英尺。

（4）尽量采购高效能低负荷的实验室设备。

（5）实验室应具备＋ / － 4.5 ℉温差调试功能，以便调节上下班不同温度以利节能。

（6）合理划分热增益分区。

（7）按照设备热高峰值特性，对实验室设备进行合理设计与布置。

3. 实验室设计基础指标

（1）照明功率密度：应低于 1.1W/ 平方英尺，高性能实验室应低于 1.0 W/ 平方英尺。此数字也包括台灯照明。

（2）太阳的热增益：应低于 1.0W/ 平方英尺。

（3）设备功率密度：5 ～ 15W/ 平方英尺。

（五）用水管理

水是宝贵的资源，我们需要有效地使用和管理水资源以保护我们共有星球的未来。历史上，无论是在尼罗河谷、底格里斯河还是在印度河流域，清洁和充足的水资源奠定了人类文明的基石。即使在今天，这个简单的事实仍然如此。水是社会发展的根本，如何利用水资源关系到我们的未来。不解决我们对水的需求，就不可能有人口和经济增长。

按劳伦斯伯克利国家实验室的统计，美国总电力的大约 3% 都是用于市政给排水处理上。美国大多数城市多达 1/4 ～ 1/2 的用电都消耗在市政给排水处理设施上，该电能的大部分都消耗在从水处理设施到用户的泵水过程中。

由于可用水资源稀缺和输水所耗费的大量能源，它让我们从经济和环境两个方面意识到减少用水的必要。这可以通过建筑中使用低流量供水装置，并尽量减少绿化灌溉等节水方法解决。在供水方面，可通过回收雨水和用户灰色废水，以提供冲厕、灌溉等非饮用水的方法解决……

认识到全球水资源管理的重要性，在设计中应该全面考虑高效、低成本、适宜的用水技术及管理方法。

一般情况下，根据用水需要，水可分为几类，即可饮用水、灰水（中水）和黑水（污染水）。可饮用水洁净度最高，可用于饮水、厕所、淋浴和实验室研究。更高要求的实验室用水应根据研究需求通过设计解决。

1. 与水相关的设计策略

（1）设计之初需要研究地区自然水资源情况。

（2）雨水应该有组织排放，以减少场地流失。应收集、处理道路和停车场的雨水，以减少任何污染的可能。

（3）通过栽种本地抗旱植物、使用高效灌溉系统和非饮用水灌溉等方法，尽量减少灌溉用水。

（4）生活用水应通过使用高性能低流量水龙头，以及厕所和淋浴设备节约用水。现在市场中已经可以大量提供这些标准化节水装置。

（5）应该收集冷凝水用于冲厕和灌溉。

（6）无论建筑物或区域大小，不使用一次性冷却水。

（7）任何洗涤设备都应使用高效冲洗循环功能。

（8）反渗透（RO）处理排放水应与灰水或冷凝水一起收集使用。

（9）水池不设置垃圾处理器，以免污染灰水。

（10）减少处理用水 20%。

（11）通过提供区域合格饮水机，减少使用瓶装水。

（12）设计中确保设置监测和验证系统，以便收集区域用水数据。收集并公布所有用水数据。

2. 建筑用水标准

（1）建筑总用水应至少满足 LEED 2009 有效用水率评分 3 要求的 75% 效率。

（2）美国环境保护署节水标准：坐便器 1.28gpf；小便器 0.13gpf；淋浴喷头 1.5 ～ 2gpm；私人卫生间水龙头 1.5gpm。

（3）统一给排水规范 / 国际给排水规范标准：公共厕所 0.5gpf；公共卫生间计量水龙头 0.25gpc；厨房和盥洗间 2.2gpm；计量水龙头 0.25gpc。

（4）LEED 2009 有效用水率评分 4 则要求减少 20% 用水。

美国环境保护署的节水要求是 0.5spf，但市场已有 0.13spf 节水的实用产品。图 12-16 显示了普通用水方式和节水方式的不同。

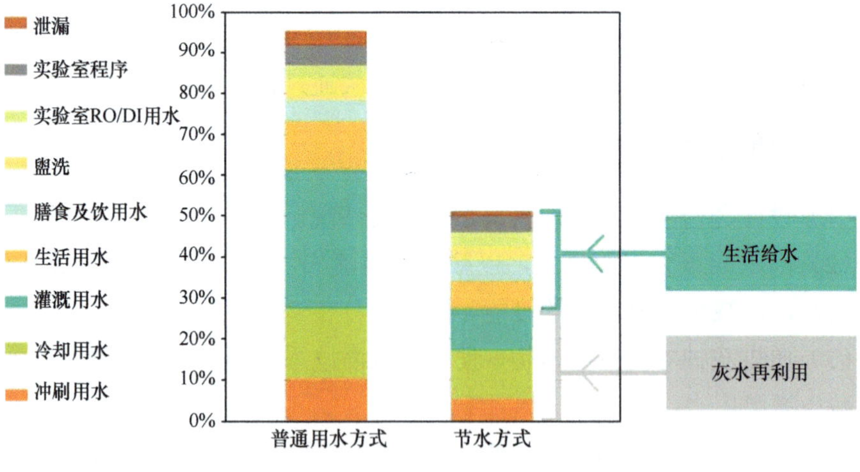

图 12-16　普通用水方式和节水方式的不同

（作者：Vikram Sami　Ben Elliott　Jason Chan；翻译：邓幼莹）